Andreas Pfeifer

LSH3, a novel player in Cytokinin signaling

Andreas Pfeifer

LSH3, a novel player in Cytokinin signaling

Südwestdeutscher Verlag für Hochschulschriften

Impressum / Imprint
Bibliografische Information der Deutschen Nationalbibliothek: Die Deutsche Nationalbibliothek verzeichnet diese Publikation in der Deutschen Nationalbibliografie; detaillierte bibliografische Daten sind im Internet über http://dnb.d-nb.de abrufbar.
Alle in diesem Buch genannten Marken und Produktnamen unterliegen warenzeichen-, marken- oder patentrechtlichem Schutz bzw. sind Warenzeichen oder eingetragene Warenzeichen der jeweiligen Inhaber. Die Wiedergabe von Marken, Produktnamen, Gebrauchsnamen, Handelsnamen, Warenbezeichnungen u.s.w. in diesem Werk berechtigt auch ohne besondere Kennzeichnung nicht zu der Annahme, dass solche Namen im Sinne der Warenzeichen- und Markenschutzgesetzgebung als frei zu betrachten wären und daher von jedermann benutzt werden dürften.

Bibliographic information published by the Deutsche Nationalbibliothek: The Deutsche Nationalbibliothek lists this publication in the Deutsche Nationalbibliografie; detailed bibliographic data are available in the Internet at http://dnb.d-nb.de.
Any brand names and product names mentioned in this book are subject to trademark, brand or patent protection and are trademarks or registered trademarks of their respective holders. The use of brand names, product names, common names, trade names, product descriptions etc. even without a particular marking in this works is in no way to be construed to mean that such names may be regarded as unrestricted in respect of trademark and brand protection legislation and could thus be used by anyone.

Coverbild / Cover image: www.ingimage.com

Verlag / Publisher:
Südwestdeutscher Verlag für Hochschulschriften
ist ein Imprint der / is a trademark of
OmniScriptum GmbH & Co. KG
Heinrich-Böcking-Str. 6-8, 66121 Saarbrücken, Deutschland / Germany
Email: info@svh-verlag.de

Herstellung: siehe letzte Seite /
Printed at: see last page
ISBN: 978-3-8381-3740-7

Zugl. / Approved by: Berlin, FU, Diss., 2012

Copyright © 2014 OmniScriptum GmbH & Co. KG
Alle Rechte vorbehalten. / All rights reserved. Saarbrücken 2014

Inhalt

1 Einleitung 11
   1.1   Struktur und biologische Funktion des Phytohormons Cytokinin 11
   1.2   Cytokininbiosynthese und –metabolismus 12
   1.3   Cytokininsignaltransduktion 15
        1.3.1   Arabidopsis *Response*-Regulator Proteine (ARR) 21
              1.3.1.1   Typ-A *Response*-Regulatoren 23
              1.3.1.2   Typ-B *Response*-Regulatoren 25
   1.4   Andere transkriptionelle Regulatoren des Cytokininsignalweges 28
   1.5   Transkriptionelle Regulation 30
   1.6   Zielsetzung der Arbeit 33

2 Material und Methoden 34
   2.1   Materialien 34
        2.1.1   Chemikalien 34
        2.1.2   Reaktionskits 34
        2.1.3   Enzyme 34
        2.1.4   Nährmedien 35
              2.1.4.1   Nährmedien für Bakterien 35
              2.1.4.2   Nährmedien für Hefen 36
              2.1.4.3   Nährmedien für Pflanzen 37
        2.1.5   Organismen 37
        2.1.6   Oligonukleotide 39
        2.1.7   Plasmide 40
   2.2   Molekularbiologische Methoden 41
        2.2.1   Herstellung und Transformation von kompetenten Zellen 41
              2.2.1.1   Herstellung und Transformation von chemisch kompetenten *E. coli* Zellen 41
              2.2.1.2   Herstellung und Transformation von elektrokompetenten *E. coli* Zellen 41
              2.2.1.3   Herstellung und Transformation von kompetenten Agrobakterien 42
              2.2.1.4   Herstellung und Transformation von kompetenten Hefen 43
        2.2.2   Transformation von *Arabidopsis thaliana* 43

2.2.3 Polymerasekettenreaktion...............44
2.2.4 Ligation 44
2.2.5 Standard-Klonierungsmethoden 45
2.2.6 Gateway™ Klonierung 45
2.2.7 Plasmidpräparation aus Hefe...............46
2.2.8 Extraktion von genomischer DNA aus *Arabidopsis thaliana* 46
2.2.9 Extraktion von RNA aus *Arabidopsis thaliana*...............47
2.2.10 Quantitative *real-time* PCR 47
2.3 Proteinbiochemische Methoden...............49
  2.3.1 Proteinexpression 49
    2.3.1.1 Rekombinante Proteinexpression in *E. coli*...............49
    2.3.1.2 Zellfreie Proteinexpression mit *E. coli* S30-Extrakt...............49
    2.3.1.3 Transiente Proteinexpression in *Nicotiana benthamiana*...............50
  2.3.2 Proteinaufreinigung 51
    2.3.2.1 Aufreinigung GST-ge*tag*ter Proteine 51
    2.3.2.2 Aufreinigung Strep-ge*tag*ter Proteine...............52
  2.3.3 SDS-Polyacrylamidgelelektrophorese (SDS-PAGE)...............53
  2.3.4 Western Blot und Immunodetektion 54
  2.3.5 Ko-Immunopräzipitation (Ko-IP)...............54
  2.3.6 Gelretardationsassay (GRA)...............55
2.4 Arbeiten mit Hefe 56
  2.4.1 *Yeast one-hybrid*...............56
  2.4.2 *Yeast two-hybrid* 57
2.5 Arbeiten mit Pflanzen...............58
  2.5.1 Isolation und Transformation von Mesophyllprotoplasten von *Arabidopsis thaliana*...............58
  2.5.2 Protoplast *trans*-Aktivierungsassay (PTA) 58
  2.5.3 Wurzelassay 60
  2.5.4 Keimungsassay...............60
  2.5.5 Subzelluläre Lokalisation in *Nicotiana benthamiana*...............61

3 Ergebnisse...............62
3.1 Analyse der DNA-Bindungsspezifität des Typ-B *Response-Regulators* ARR1 62
  3.1.1 Promotordeletionsanalysen des Typ-A *Response-Regulatorgens ARR6*...............62

3.1.2 Proteinexpression des Typ-B *Response*-Regulators ARR1 63
3.1.3 Gelretardationsassays (GRAs) für GST:ARR1-DBD und den Promotor von *ARR6* 67
3.2 Identifizierung von Proteinen, die an das cytokininantwort-vermittelnde *cis*-regulatorisches Element (CCRE) binden 69
3.2.1 Erzeugung und Verifizierung von Reporterstämmen für das *yeast one-hybrid*-System 70
3.2.2 Durchführung von *yeast one-hybrid screens* 71
3.3 Charakterisierung der Funktion von *LSH3* im Cytokininsignalweg 74
3.3.1 Die Light Sensitive Hypocotyl (LSH) Proteinfamilie 74
3.3.2 Untersuchung des Effektes von LSH3 auf die Transaktivierung des *ARR6*-Promotors 78
3.3.3 Analyse der subzellulären Lokalisation von LSH3 80
3.3.4 Untersuchungen zur Interaktion von LSH3 mit Proteinen des Cytokininsignalweges 84
3.4 *In planta*-Analyse der *LSH3*-Funktion 87
3.4.1 Expressionsanalyse des *LSH3*-Gens 87
3.4.2 Identifikation einer *lsh3*-Knockoutlinie 89
3.4.3 Charakterisierung von *LSH3*-überexprimierenden Pflanzen 92
3.4.3.1 Phänotypische Analyse der *LSH3*-Überexprimierer 93
3.4.3.2 *LSH3*, ein negativer Regulator der Keimung 98
3.4.3.3 Untersuchung der reprimierenden Funktion von *LSH3* auf *ARR1 in planta* 101
3.5 Aufklärung des Mechanismus der *ARR1*-Reprimierung durch *LSH3* 104
3.5.1 Die Reprimierung von ARR1 findet nicht auf transkriptioneller Ebene statt 104
3.5.2 Identifikation von LSH3 Interagierenden Proteinen 106
3.5.3 Charakterisierung der Interaktionspartner von LSH3 107
3.5.4 Untersuchung der Regulation von ARR1 durch WRKY6 110

4 Diskussion 114
4.1 Identifikation eines cytokininantwort-vermittelnden *cis*-regulatorischen Elementes (CCRE) 114

- 4.1.1 Promotordeletionsanalysen des Promotors von *ARR6* identifizieren ein 27 bp langes DNA-Fragment, das einen Teil der Cytokininantwort vermittelt 115
- 4.1.2 *In vitro*-Bindungsstudien zeigen keine Bindung der DNA-Bindedomäne von ARR1 an das CCRE 116
- 4.2 Bindungsstudien identifizieren potentielle Interaktionspartner des CCRE 118
  - 4.2.1 *Yeast one-hybrid*-Analysen zeigen eine Transaktivierung des *ARR6*-Promotors durch LSH3 118
  - 4.2.2 LSH3 bindet *in vitro* nicht an den Promoter von *ARR6* 119
- 4.3 LSH3, ein negativer Regulator von ARR1 123
  - 4.3.1 LSH3 reguliert ARR1 nicht auf transkriptioneller Ebene .. 125
  - 4.3.2 PTA-Analysen zeigen eine Beteiligung des 26S-Proteasoms bei der Regulation von ARR1 127
- 4.4 LSH3 ist in mehreren Signalwegen involviert 128
  - 4.4.1 LSH3, ein negativer Regulator der Keimung 129
  - 4.4.2 Beteiligung von LSH3 an der Weiterleitung von Lichtsignalen 130
  - 4.4.3 Funktionelle Interaktion von *LSH3* und Signalwegen im apikalen Sprossmeristem 131
  - 4.4.4 LSH3, potentieller Mediator zwischen den Signalwegen . 133
- 4.5 Untersuchungen der Wirkungsweise von LSH3 deuten auf einen regulatorischen Komplex von LSH3, ARR1 und weiteren Faktoren hin 135
  - 4.5.1 Identifikation von WRKY6 als potentiellem Ko-Regulator der ARR1-Funktion 136
  - 4.5.2 WRKY6, Brückenprotein zwischen ARR1 und LSH3? 138
- 4.6 Ausblick 143

5 Zusammenfassung 145

6 Summary 147

7 Bibliographie 149

8 Publikationen 169

9 Anhang 170
- 9.1 Abkürzungsverzeichnis 170
- 9.2 Vektorkarten 172

Abbildungen

Abbildung 1: Chemische Strukturen von isoprenoiden und aromatischen, natürlich vorkommenden Cytokininen 12

Abbildung 2: Schematische Darstellung des Aufbaus von Zweikomponentensystemen. 15

Abbildung 3: Modell der Cytokininsignaltransduktion in *Arabidopsis thaliana* 17

Abbildung 4: Schematische Darstellung des Aufbaus und der Verwandtschaftsverhältnisse der Arabidopsis Response-Regulatoren 22

Abbildung 5: Promotordeletionsanalysen des Typ-A Response-Regulatorgens *ARR6* im PTA-System 62

Abbildung 6: Zellfreie Expression des full-length Proteins von ARR1 64

Abbildung 7: Schematische Darstellung der Ergebnisse der MALDI-MS Analyse der ARR1-Expressionsbande aus der zellfreien Proteinexpression 65

Abbildung 8: Zellfreie Proteinexpression einer verkürzten ARR1-Variante 66

Abbildung 9: Proteinexpression der DNA-Bindedomäne von ARR1 67

Abbildung 10: Gelretardationsassays für die DNA-Bindedomäne von ARR1 und verschiedenen Promotorfragmenten von *ARR6* 68

Abbildung 11: Gelretardationsexperiment mit ARR1-DBD und dem CCRE 69

Abbildung 12: Ergebnisse der Kolonie-PCR zur Verifizierung der Integration der Reporterkonstrukte in das Genom der Hefe 70

Abbildung 13: Tröpfchenversuch der *LSH3*-Klone im *yeast one-hybrid*-System 74

Abbildung 14: Phylogenetischer Stammbaum der LSH-Proteinfamilie anhand der DUF640 76

Abbildung 15: Untersuchung der Funktion von LSH3 auf die Transaktivierung des -220 bp-Promotorfragments von *ARR6* im PTA-System 78

Abbildung 16: Analyse der reprimierenden Funktion von *LSH3* auf die Transaktivierungskapazitäten verschiedener Typ-B ARR im PTA-System 80

Abbildung 17: Subzelluläre Lokalisation von LSH3-GFP in Tabakepidermiszellen 81

Abbildung 18: Analyse der Proteinexpression von aufgereinigtem GST:LSH3 mittels SDS-PAGE 82

Abbildung 19: Gelretardationsassays für GST:LSH3 und den Promotor von *ARR6* 84

Abbildung 20: Interaktionstest von LSH3 mit verschiedenen Typ-B ARR im *yeast two-hybrid*-System 85

Abbildung 21: Identifikation von potentiellen LSH3-Interaktionspartnern durch Ko-Immunopräzipitation von GFP:LSH3 87

Abbildung 22: Analyse der *LSH3*-Transkriptmengen in verschiedenen Geweben von Arabidopsis mittels qRT-PCR 88

Abbildung 23: Analyse der Transkriptmengen von *LSH3* und *ARR6* ohne und mit Zugabe von Cytokinin mittels qRT-PCR ... 89

Abbildung 24: Identifizierung und Verifizierung eines *LSH3*-Knockouts 90

Abbildung 25: Genexpressionsanalyse von *LSH3* in vier Geschwisterpflanzen des homozygoten *lsh3-1*-Knockouts 91

Abbildung 26: Untersuchung der Funktionalität des N-terminal ge*tag*ten GFP:LSH3-Konstruktes in PTA-Analysen 93

Abbildung 27: Analyse der LSH3-Transkriptmengen in *LSH3*-überprimierenden Pflanzen 94

Abbildung 28: Phänotypischer Vergleich von *35S::GFP:LSH3*-Linien mit dem WT 96

Abbildung 29: Einfluss von Cytokinin auf die Anzahl der Lateralwurzeln und die Elongation der Primärwurzel in *35S::GFP:LSH3*-überexprimierenden Pflanzen 97

Abbildung 30: Genexpressionsanalyse von *LSH3* ohne und mit Zugabe von Gibberellin mittels qRT-PCR 99

Abbildung 31: Analyse der Keimungsrate der *35S::GFP:LSH3*-Linien auf Medium mit und ohne Paclobutrazol 100

Abbildung 32: Phänotypische Analyse der *LSH3*-Überexpression in der *arr10arr12*-Doppelmutante 101

Abbildung 33: Phänotypische Analyse der *LSH3*-Überexpression in der *arr10arr12*-Doppelmutante 28 Tage nach der Aussaat 103

Abbildung 34: Analyse der *ARR1*-Transkriptmenge in *LSH3* überexprimierenden Pflanzen 104

Abbildung 35: Auswirkung des Proteasominhibitors MG132 auf die *ARR6*-Promotoraktivierung durch ARR1, ARR19 sowie LSH3 105

Abbildung 36: Schematische Darstellung der Positionen der WRKY- und der Typ-B ARR-Bindemotive sowie des CCRE innerhalb des *ARR6*-Promotors 108

Abbildung 37: Ergebnisse der Protein-Protein Interaktionen von WRKY6 im *yeast two-hybrid*-System 111

Abbildung 38: Analyse der funktionellen Interaktion von WRKY6 mit ARR1 im PTA-System 112

Abbildung 39: PTA-Ergebnisse der Analyse der funktionellen Interaktion von WRKY6 mit ARR1 und LSH3 113

Abbildung 40: Phosphorylierungsvorhersage von LSH3 mit NetPhos 2.0 121

Abbildung 41: Schematische Darstellung der Wirkungsweise von WKRY6 als negativer bzw. positiver Ko-Regulator von ARR1 138

Abbildung 42: Modell der Regulation von ARR1 durch LSH3 und WRKY6 141

Tabellen

Tabelle 1: Liste der verwendeten Reaktionskits 34

Tabelle 2: Liste der verwendeten Enzyme. 35

Tabelle 3: Liste der verwendeten Antibiotika 36

Tabelle 4: Verwendete Aminosäuren für Hefe-Selektionsmedium 36

Tabelle 5: Liste der verwendeten *Escherichia coli* Stämme 37

Tabelle 6: Liste der verwendeten Agrobakterien-Stämme 38

Tabelle 7: Liste der verwendeten *Saccharomyces cerevisiae* Stämme. 38

Tabelle 8: Auflistung der verwendeten Oligonukleotide 39

Tabelle 9: Liste der verwendeten Plasmide 40

Tabelle 10: Zusammensetzung eines 10%-igen SDS-Trenngels mit einem Endvolumen von 10 ml 53

Tabelle 11: Zusammensetzung eines 10%-igen SDS-Sammelgels mit einem Endvolumen von 5 ml 53

Tabelle 12: Zusammenfassung der *yeast one-hybrid screens* mit den *ARR6*-Promotorfragmenten -220 bp und -220 bp $^{-136, -113}$ 71

Tabelle 13: *Zusammenfassung* der Sequenzierungsergebnisse der sekundärpositiven Klone 73

Tabelle 14: Im *yeast two-hybrid screen* identifizierte Interaktionspartner von LSH3 107

1 Einleitung

1.1 Struktur und biologische Funktion des Phytohormons Cytokinin

Für das Wachstum und die Entwicklung einer Pflanze sind viele endogene Signalwege von entscheidender Bedeutung. Die Regulierung dieser Prozesse wird durch kleine chemische Moleküle gesteuert, die bereits in niedriger Molekülkonzentration Auswirkungen auf die Entwicklung der Pflanzen ausüben. Zu den wichtigsten Phytohormonen, wie diese regulatorischen Moleküle benannt wurden, gehört auch die Gruppe der Cytokinine.

Die Geschichte von Cytokinin beginnt im Jahre 1913, als Gottlieb Haberlandt eine Substanz entdeckte, die zellteilungsfördernde Eigenschaften auf Kartoffelparenchymzellen besaß (Haberlandt, 1913). Erst 40 Jahre später wurde als Nebenprodukt beim Autoklavieren von Heringssperma-DNA das erste Cytokinin isoliert (Miller *et al.*, 1955a). Aufgrund seines positiven Effektes auf die Zellteilung von Tabakgewebekulturen wurde es Kinetin genannt. Zehn Jahre später wurden alle Substanzen mit kinetinähnlichen Eigenschaften, aufgrund ihrer Fähigkeit die Cytokinese zu fördern, in der Gruppe der Cytokinine vereint (Skoog *et al.*, 1965). In der Zwischenzeit sind viele weitere natürlich vorkommende und synthetische Cytokinine hinzugekommen (Miller *et al.*, 1955b; Letham, 1963; Horgan, 1975; Strnad *et al.*, 1992; Mok und Mok, 2001).

Chemisch betrachtet handelt es sich bei den natürlich vorkommenden Cytokininen um N^6-substituierte Adeninderivate, die nach Art Ihrer Seitenkette in isoprenoide oder aromatische Cytokinine eingeordnet werden (Abbildung 1) (Strnad *et al.*, 1992; Mok und Mok, 2001; Sakakibara, 2006).

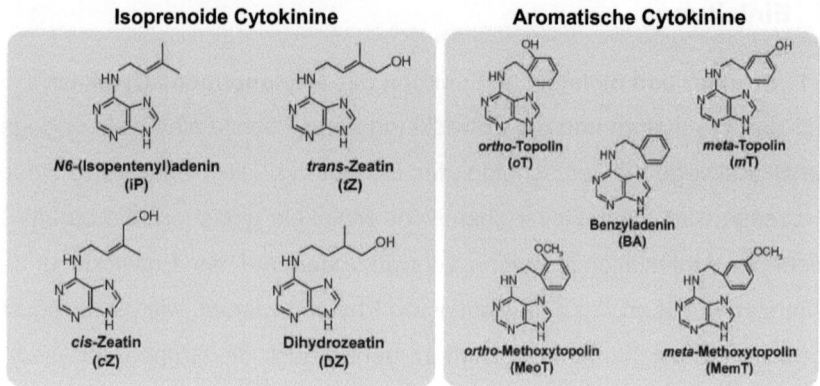

Abbildung 1: Chemische Strukturen von isoprenoiden und aromatischen, natürlich vorkommenden Cytokininen. Unter den Strukturformeln sind der jeweilige Trivialname und die gebräuchlichste Abkürzung der Cytokinine dargestellt (modifiziert nach Sakakibara, 2006).

Biologisch konnten für Cytokinin neben der beobachteten Stimulierung der Zellteilung (Haberlandt, 1913; Miller *et al.*, 1955a; Amasino, 2005) weitere Funktionen identifiziert werden. Unter anderem haben Cytokinine einen Einfluss auf die Meristemfunktion im Spross und der Wurzel (Mok und Mok, 2001; Werner *et al.*, 2001, 2003; Lohar *et al.*, 2004), die Chloroplastenentwicklung, die Stress- und Pathogenantwort (Mok und Mok, 2001), die Blattseneszenz (Richmond und Lang, 1957; Gan und Amasino, 1995), die Unterdrückung der Apikaldominanz (Wickson und Thimann, 1958; Cline *et al.*, 1997), den zirkadianen Rhythmus (Hanano *et al.*, 2006; Salome *et al.*, 2006) und die Keimung (Miller, 1958; Mok, 1994). Darüber hinaus konnte für Cytokinin eine Rolle bei der Nodulation in Leguminosen nachgewiesen werden (Gonzalez-Rizzo *et al.*, 2006; Murray *et al.*, 2007; Tirichine *et al.*, 2007).

1.2 Cytokininbiosynthese und –metabolismus

In den vergangenen Jahren wurden große Fortschritte in der Aufklärung der Biosynthese der Cytokinine gemacht. Da die meisten biologisch aktiven Cytokinine zu den isoprenoiden Cytokininen gehören (Schmitz und

Skoog, 1972; Spiess, 1975; Letham und Zhang, 1989), fokussierte sich die Forschung hauptsächlich auf diese Klasse. Die Synthese der aromatischen Cytokinine ist weitgehend unbekannt.

Der erste Schritt der Biosynthese der isoprenoiden Cytokinine ist die Prenylierung von ATP/ADP/AMP und Diemethylallyldiphosphat (DMAPP) an der N^6-Position (Mok und Mok, 2001; Miyawaki et al., 2006; Sakakibara, 2006; Werner et al., 2006). Dieser Schritt ist geschwindigkeitslimitierend für die Synthese und wird durch Adenosinphosphatisopentenyltransferasen (IPTs) katalysiert. Als erstes wurden Vertreter dieser Enzyme in *Dictyostelium discoideum* und *Agrobacterium tumefaciens* identifiziert (Taya et al., 1978; Akiyoshi et al., 1984; Barry et al., 1984).

In Arabidopsis wurden bisher neun IPT-kodierende Gene identifiziert (*AtIPT1-AtIPT9*) (Kakimoto, 2001; Takei et al., 2001), die je nach Art ihres Substrates in zwei Gruppen eingeteilt werden. Die erste Gruppe sind die ATP/ADP-IPTs (*AtIPT1, AtIPT3-8*), die unter anderem Isopentenyladenin (IP) und *trans*-Zeatin (*tZ*) synthetisieren (Kakimoto, 2001; Takei et al., 2001). Zur zweiten Gruppe gehören die tRNA-IPTs (*AtIPT2* und *AtIPT9*), die unter anderem *cis*-Zeatin bilden. Der Verlust sowohl von *IPT2* als auch *IPT9* resultiert in Pflanzen ohne jegliches *cis*-Zeatin (Miyawaki et al., 2006).

Für die ATP/ADP-IPTs konnte, am Beispiel, von IPT3 eine Modifizierung durch Farnesylierung gezeigt werden. Diese Modifikation ist verantwortlich für eine Änderung der subzellulären Lokalisation und der katalytischen Aktivität dieses Enzyms (Galichet et al., 2008). Die *AtIPT7*-abhängige Cytokininbiosynthese ist wichtig für die Bildung und den Erhalt des apikalen Sprossmeristems. Dabei wird die transkriptionelle Aktivierung von *IPT7* durch KNOX (*Knotted1-like homeobox*)-Proteine reguliert (Jasinski et al., 2005; Yanai et al., 2005).

Die Etablierung eines Gleichgewichtes zwischen biologisch aktiven und inaktiven Cytokininen wird durch die Steuerung der Synthese von Cytokininnukleobasen und deren Glykosylierung bzw. Abbau erreicht. Cytokinine können an den Position N^3, N^7, und N^9 des Purinringes (N-Glukoside) und an der Hydroxylgruppe von *trans*-, Dihydro- und *cis*-Zeatin (O-Glukoside) glykosyliert werden. Während O-Glukoside durch die β-Glukosidase effizient deglykosyliert werden können, ist die N-Glykosylierung praktisch irreversibel (Brzobohaty *et al.*, 1993).

Der Abbau von Cytokininen wird durch Cytokininoxidasen/dehydrogenasen (CKX) durch Freisetzung von Adenin bzw. Adenosin vermittelt. In Arabidopsis wurden bisher sieben *CKX*-Gene identifiziert (*AtCKX1-AtCKX7*) (Werner *et al.*, 2001, 2003). Die CKX-Proteine zeigen zum Teil starke Unterschiede hinsichtlich ihrer Substratspezifität. Während CKX2, CKX4 und CKX6 IP und *trans*-Zeatin bevorzugen, zeigen die anderen CKX-Enzyme eine höhere Affinität zu den Glukosiden und Nukleotiden (Galuszka *et al.*, 2007). Untersuchungen der CKX-Proteinfamilie zeigten eine Lokalisation für CKX1 und CKX3 in der Vakuole und für CKX2, CKX4 und CKX6 im endoplasmatischen Retikulum (ER) (Bilyeu *et al.*, 2001; Werner *et al.*, 2003; Werner *et al.*, 2006). Als einziger Vertreter dieser Familie lokalisiert CKX7 im Cytosol (Köllmer, 2009). Ein Teil der *CKX*-Gene wird durch Cytokinin induziert (Brenner *et al.*, 2005; Kiba *et al.*, 2005). Ihre Expression konnte im Sprossmeristem (*CKX1* und *CKX2*), Wurzelmeristem (*CKX5*) und in den Stomata (*CKX4* und *CKX6*) nachgewiesen werden (Werner *et al.*, 2006). Der Funktionsverlust einzelner *CKX*-Gene führt zu keinen nennenswerten phänotypischen Veränderungen, was auf eine Redundanz innerhalb der Genfamilie hindeutet. Doppelknockouts von *ckx3* und *ckx5* resultieren in Mutanten mit stark vergrößerten Blütenmeristemen (Bartrina *et al.*, 2011). Die Überexpression der *CKX*-Gene führt zu einer starken Reduktion der Cytokininkonzentration, was sich durch einen kürzeren Spross, kleinere

Blätter und einem verstärktem Wurzelsystem bemerkbar macht (Werner et al., 2001, 2003). Die Gesamtheit dieser phänotypischen Auffälligkeiten wird als „Cytokinin-Defizienzsyndrom" bezeichnet.

1.3 Cytokininsignaltransduktion

Cytokininvermittelte Signale werden in Arabidopsis über ein Zweikomponentensystem (ZKS) aufgenommen und weitergeleitet. In Prokaryoten sind solche ZKS schon seit langem bekannt (West und Stock, 2001). Sie bestehen aus einer Histidinkinase und einem *Response*-Regulator (Abbildung 2A). Das externe Signal wird von der Histidinkinase aufgenommen und über eine Phosphorylierungskaskade an den *Response*-Regulator weitergegeben (Perraud et al., 1999; West und Stock, 2001). In Prokaryoten werden ZKS für die Signalweiterleitung von vielen externen Umweltreizen verwendet.

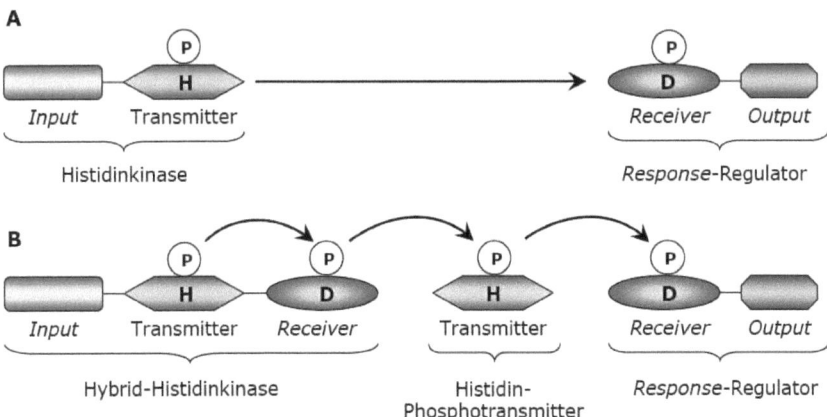

Abbildung 2: Schematische Darstellung des Aufbaus von Zweikomponentensystemen. (A) Das einfache Zweikomponentensystem besteht aus einer Histidinkinase und einem *Response*-Regulator. Externe Signale werden von Histidinkinasen erkannt, was zu einer Autophosphorylierung des konservierten Histidinrestes [H] in der Transmitterdomäne führt. Anschließend wird der Phosphatrest auf ein konserviertes Aspartat [D] in der *Receiver*-Domäne des *Response*-Regulators übertragen. Bei den *Response*-Regulatoren handelt es sich um Transkriptionsfaktoren, die nach der Phosphorylierung eine Veränderung der Genexpression ihrer Zielgene hervorrufen. **(B)** In dem komplexen Zweikomponentensystem wird der Phosphatrest nach der Autophosphorylierung der Transmitterdomäne auf eine *Receiver*-Domäne der Histidinkinase übertragen. Im Unterschied zu dem einfachen ZKS ist zwischen Hybrid-Histidinkinase und *Response*-Regulator noch ein Histidin-Phosphotransferprotein geschaltet.

Diese Proteine übertragen das Phosphatsignal von der Hybrid-Histidinkinase auf die *Response*-Regulatoren, die wiederum eine Antwort durch veränderte Genexpression, unter anderem ihrer Zielgene, auslösen (modifiziert nach Schaller *et al.*, 2008).

Lange Zeit war unklar, ob auch in höheren Organismen ZKS zur Signalweiterleitung verwendet werden. Erst mit der Entdeckung des Ethylenrezeptors *ETR1* aus *Arabidopsis thaliana* wurde deutlich, dass auch in Pflanzen ZKS vorkommen (Chang *et al.*, 1993). Die in Pflanzen verwendeten Systeme besitzen eine Histidinkinase mit fusionierter *Receiver*-Domäne, weshalb diese auch als Hybrid-Histidinkinase bezeichnet wird (Abbildung 2B) (Stock *et al.*, 2000; West und Stock, 2001). In Eukaryoten sind Zellen in Organellen strukturiert, was zu einer räumlichen Trennung von Hybrid-Histidinkinase und *Response*-Regulator führt. Daher werden in komplexen ZKS weitere Proteine als Phosphotransmitter verwendet. Nach der Detektion des Signals und der Autophosphorylierung der Hybrid-Histidinkinase wird das Signal intramolekular auf die *Receiver*-Domäne der Hybrid-Histidinkinase übertragen. Der Phosphatrest wird anschließend durch die Histidin-Phosphotransferproteine in den Zellkern gebracht, wo er auf die *Receiver*-Domäne der *Response*-Regulatoren übertragen wird. Die Phosphorylierung der *Response*-Regulatoren führt zu einer veränderten Regulation von bestimmten Zielgenen. Am Ende der gesamten Signalkaskade wird das System durch Dephosphorylierung der *Response*-Regulatoren wieder auf die Ausgangssituation zurückgesetzt (Suzuki *et al.*, 2001a; Yamada *et al.*, 2001; Kakimoto, 2003). Durch die wiederholte Übertragung des Phosphatrests von Histidin (His) auf Aspartat (Asp) wird diese Art der Signalweiterleitung auch als *His-to-Asp phosphorelay* bezeichnet.

In *Arabidopsis thaliana* konnte 2001 das erste Mal gezeigt werden, das Hybrid-Histidinkinasen an der Erkennung und Weiterleitung von Cytokininsignalen beteiligt sind (Inoue *et al.*, 2001; Suzuki *et al.*, 2001b; Ueguchi *et al.*, 2001). Nach der Entdeckung von CRE1/AHK4 konnten zwei weitere

Hybrid-Histidinkinasen als Rezeptoren für Cytokinin identifiziert werden (AHK2 und AHK3) (Inoue et al., 2001; Suzuki et al., 2001b; Ueguchi et al., 2001).

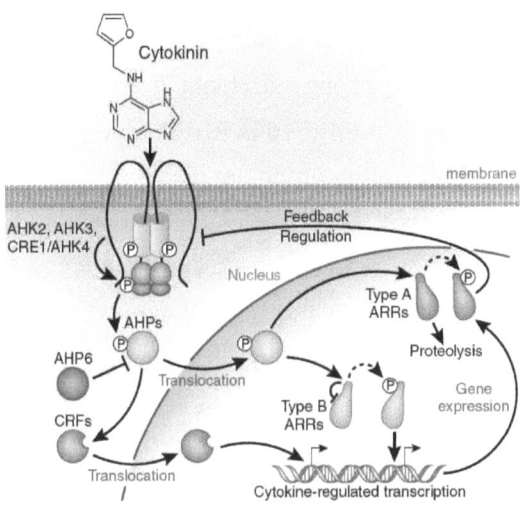

Abbildung 3: Modell der Cytokininsignaltransduktion in *Arabidopsis thaliana*. Membranständige Cytokininrezeptoren (AHK) autophosphorylieren nach Bindung von Cytokinin. Nach der Phosphorylierung der cytoplasmatischen Histidin-Phosphotransferproteine (AHP) translozieren diese in den Zellkern, wo sie den Phosphatrest an Typ-B *Response*-Regulatoren (Typ-B ARR) übertragen. Diese transkriptionellen Aktivatoren regulieren die Expression der Cytokinin-Antwortgene, so denen unter anderem auch die Typ-A ARR gehören. Die Typ-A ARR haben einen negativen Effekt auf die Signaltransduktion, während die *Cytokinin Response Factors* (CRF) selber die Transkription von Cytokinin-Antwortgenen regulieren können (modifiziert nach Santner et al., 2009).

Nach dem Modell der Cytokininsignaltransduktion binden diese membranständigen Rezeptoren über ihre extrazelluläre CHASE-Domäne (**C**yclase/**H**istidine-kinase-**A**ssociated **S**ensory **E**xtracellular) Cytokininmoleküle (Abbildung 3). Nach der Bindung des Cytokinins folgt die Autophosphorylierung der Transmitterdomäne der AHK (Stock et al., 2000; Wolanin et al., 2002; Marina et al., 2005). Anschließend wird das Phosphat intramolekular auf die *Receiver*-Domäne der Hybrid-Histidinkinasen übertragen und von dort aus an die Histidin-Phosphotransferproteine (AHP) weitergeleitet (Hwang und Sheen, 2001; Mason et al., 2004). Es wurde gezeigt, dass die AHP nach der Phosphorylierung in der Zellkern translozieren und dort das Phosphat an die Typ-B *Response*-Regulatoren (Typ-B ARR) übermitteln können (Hwang und Sheen, 2001). Neuere Untersuchungen ergaben jedoch, dass die AHP permanent zwischen dem Zellkern und dem Cytoplasma wechseln, und das dies unabhängig von Cytokinin geschieht (Punwani *et al.*, 2010). Die Typ-B *Response*-Regulatoren (Typ-B ARR) führen, als transkriptionelle Aktivatoren, zu einer Veränderung in der Expression von Cytokinin-Antwortgenen. Zu diesen Zielgenen gehören unter anderem auch die Typ-A ARR, die wiederum einen negativen Einfluss auf die Cytokininsignaltransduktion haben (Hwang und Sheen, 2001; To *et al.*, 2004, 2007). Weitere Cytokinin-Antwortgene sind die *Cytokinin Response Factors* (*CRF1*, *CRF3* und *CRF5*). Die Besonderheit der *CRF* liegt darin, dass sie selbst Transaktivatoren sind und eine Cytokininantwort vermitteln können (Rashotte *et al.*, 2006). Bisher konnten im Genom von Arabidopsis drei Cytokininrezeptoren, fünf Histidin-Phosphotransferproteine, 11 Typ-B ARR und 10 Typ-A ARR identifiziert werden (Heyl und Schmülling, 2003; Werner und Schmülling, 2009). Die einzelnen Komponenten des Cytokininsignalweges werden in den folgenden Kapiteln eingehender beschrieben.

Arabidopsis Histidin-Kinasen (AHKs)
Analysen des Arabidopsis-Genoms führten zur Identifizierung mehrerer Histidinkinasen. Die Überexpression von *Cytokinin Insensitiv1* (*CKI1*) (Kakimoto, 1996) resultierte in einer Cytokininantwort in Zellkultur und in Pflanzen. CKI1 zählt dennoch nicht zu den Cytokininrezeptoren, da für diese Hybridkinase bisher keine Bindung von Cytokinin nachgewiesen werden konnte. Der erste Cytokininrezeptor (CRE1/AHK4) wurde nahezu zeitgleich von zwei unterschiedlichen Gruppen in verschiedenen *screens*

identifiziert (Mähönen *et al.*, 2000; Inoue *et al.*, 2001). Es konnte gezeigt werden, dass CRE1/AHK4 exprimierende *Escherichia coli (E. coli)* Zellen auf Zugabe von IP und Zeatin reagieren (Suzuki *et al.*, 2001b; Yamada *et al.*, 2001). Kurze Zeit später wurden zwei weitere Cytokininrezeptoren identifiziert (AHK2 und AHK3). Die N-terminalen Bereiche der Rezeptoren bestehen aus zwei bis vier Transmembran- und einer extrazellulären CHASE-Domäne. *In vivo* Bindungsassays in *E. coli* zeigten, dass die CHASE-Domäne von CRE1/AHK4 ausreichend für eine Cytokininbindung ist (Heyl *et al.*, 2007). Kristallisationsstudien konnten wichtige Aminosäuren für die Bindung von Cytokinin identifizieren (Hothorn *et al.*, 2011). Die Mutation T301I in der CHASE-Domäne, bekannt als *WOODEN LEG* (*wol*) Mutation (Mähönen *et al.*, 2000), führt zu einem kompletten Verlust der Cytokininbindung (Yamada *et al.*, 2001; Heyl *et al.*, 2007). Auch für die anderen beiden Rezeptoren konnte eine Bindung von Cytokinin experimentell gezeigt werden, wobei die Rezeptoren unterschiedliche Affinitäten zu den getesteten Cytokininen aufwiesen (Yamada *et al.*, 2001; Romanov *et al.*, 2006). Im Unterschied zu AHK2 und AHK3 besitzt CRE1/AHK4 eine Phosphataseaktivität, welche eine Dephosphorylierung der AHP bewirken kann (Mähönen *et al.*, 2006a). Expressionsanalysen zeigen eine mehr oder weniger ubiquitäre Expression der Rezeptoren. *CRE1/AHK4* wird hauptsächlich in der Wurzel, *AHK2* und *AHK3* werden hingegen überwiegend in den oberirdischen Pflanzenteilen exprimiert (Ueguchi *et al.*, 2001; Higuchi *et al.*, 2004; Nishimura *et al.*, 2004). Vor kurzem wurde durch die transiente Expression von Rezeptor-GFP Fusionen in Tabakblättern für alle drei Arabidopsis Rezeptoren eine Lokalisation überwiegend im ER festgestellt. (Caesar *et al.*, 2011; Wulfetange *et al.*, 2011).

Knockout-Mutanten der Rezeptoren zeigen keine offensichtlichen morphologischen Unterschiede zum Wildtyp, was für eine Redundanz innerhalb der AHK spricht (Riefler *et al.*, 2006). Die *ahk2/ahk3* Doppelmutante weist einen kleineren Rosettendurchmesser auf. Der Verlust aller drei Rezeptoren resultiert in starken morphologischen Veränderungen, wie einer stark verkürzten Wurzel, kleineren Rosettenblättern und einem zwergenhaften Wuchs (Riefler *et al.*, 2006). Diese Pflanzen zeigen zwar starke morphologische Defekte in ihrer Entwicklung und eine fast vollständige Insensitivität auf Cytokinin in unterschiedlichen Bioassays (Higuchi *et al.*, 2004; Riefler *et al.*, 2006), dennoch sind sie überlebensfähig. Dies könnte bedeuten, dass es weitere Cytokininrezeptoren gibt, die zumindest einen Teil der Cytokininantwort vermitteln.

Arabidopsis Histidin-Phosphotransfer Proteine (AHP)

Die AHP bilden eine kleine Proteinfamilie, die in Arabidopsis aus sechs Mitgliedern besteht. Fünf Mitglieder dieser Familie (AHP1-AHP5) fungieren in der Cytokininsignaltransduktion als Histidin-Phosphotransferproteine, da sie das für die Phosphorylierung wichtige konservierte Histidin besitzen (XHQXKGSSXS) (Hwang *et al.*, 2002).

Für alle AHP konnten Lokalisationen, sowohl im Kern als auch im Cytoplasma sowie diverse Interaktionen sowohl mit den AHK als auch den Typ-B ARR nachgewiesen werden (Suzuki *et al.*, 1998; Imamura *et al.*, 1999; Suzuki *et al.*, 2001a; Tanaka *et al.*, 2004; Dortay *et al.*, 2006, 2008). Die Induktion mit Cytokinin resultierte in einer überwiegenden Lokalisation im Zellkern von AHP1 und AHP2 (Hwang und Sheen, 2001). Diese Ergebnisse konnten allerdings nicht reproduziert werden. Ferner zeigte sich, dass die AHP einem permanentem *shuttling* zwischen Zellkern und Cytoplasma unterliegen (Punwani *et al.*, 2010). Funktionelle Analysen für AHP1-AHP3 zeigten eine Komplementation von HPT-Hefemutanten (Suzuki *et al.*, 1998).

Einzel- und Doppelmutanten der *AHP* zeigen keine phänotypischen Veränderungen, was auf eine Redundanz innerhalb dieser Familie hindeutet. Drei- und Vierfachmutanten zeigen eine verstärkte Insensitivität gegenüber Cytokinin in Hypokotyl- und Wurzelassays. Im Fünffachknockout ist die Induktion der Typ-A ARR durch Cytokinin stark herabgesetzt. Die verbleibende Antwort auf Cytokinin ist wahrscheinlich darauf zurückzuführen, dass *AHP2* in diesen Mutanten kein vollständiger Knockout ist (Hutchison *et al.*, 2006).

2006 wurde mit AHP6 ein negativer Regulator des Cytokininsignalweges beschrieben, der allerdings kein konserviertes Histidin besitzt. Während AHP1, AHP2, AHP3 und AHP5 radioaktiv markiertes Phosphat von der Hefehistidinkinase SLN1 aufnahmen, konnte dies für AHP6 nicht beobachtet werden (Mähönen *et al.*, 2006b). In dem gleichen System wurde ein gestörter Phosphotransfer zwischen AHP1 und ARR1 bei gleichzeitiger Expression von AHP6 beobachtet. Induktionsanalysen resultierten in einer verminderten Menge an *AHP6*-Transkript 6 h nach der Behandlung mit Cytokinin. Promotor::GUS und GFP-Lokalisationsstudien detektierten die Expression von *AHP6* in sich entwickelndem Protoxylem und den Kotelydonen des embryonalen Herzstadiums an. Der Verlust des *AHP6*-Gens führt zu einer cytokinin-hypersensitiven Mutante bei der Differenzierung der Vaskulatur in der Wurzel (Mähönen *et al.*, 2006b).

1.3.1 Arabidopsis *Response*-Regulator Proteine (ARR)

Die Arabidopsis *Response*-Regulatoren werden je nach ihrer Domänenstruktur in vier Klassen unterteilt (Abbildung 4). Dabei besitzen alle ARR eine *Receiver*-Domäne. Die Gruppe der Typ-A ARR, die zehn Mitglieder zählt, besitzt zusätzlich zur *Receiver*-Domäne kurze C-terminale Erweiterungen. Sie werden als primäre Cytokinin-Antwortgene angesehen, was sich durch ihre schnelle Induktion nach Zugabe von Cytokinin zeigt (D'Agostino *et al.*, 2000; Rashotte *et al.*, 2003; Brenner *et al.*, 2005). Die elf Mitglieder der Typ-B ARR besitzen neben der *Receiver*-Domäne eine DNA-Binde- und C-terminale *Output*-Domäne (Abbildung 4). Sie sind transkriptionelle Aktivatoren des Cytokininsignalweges, wobei ihre Expression nicht durch Cytokinin verändert wird. Zu ihren direkten Zielgenen gehören unter anderem die Typ-A ARR und ein Teil der *Cytokinin Response-Factors* (*CRF*) (Hwang und Sheen, 2001; Sakai *et al.*, 2001; Rashotte *et al.*, 2003, 2006; Mason *et al.*, 2005; Taniguchi *et al.*, 2007; Yokoyama *et al.*, 2007).

Die dritte Klasse der ARR, die Typ-C ARR, besitzen außer der *Receiver*- keine weiteren annotierten Domänen (Abbildung 4) und können nicht durch Cytokinin induziert werden. Für ARR22 konnte eine erfolgreiche Phosphorylierung durch AHP5 *in vitro* gezeigt werden (Kiba *et al.*, 2004). Die Überexpression von *ARR22* resultierte in Pflanzen mit starkem Zwergwuchs. Weiterhin konnte eine verminderte Cytokininantwort von *ARR15* in diesen Pflanzen gezeigt werden (Kiba *et al.*, 2004). Die bisherigen Ergebnisse deuten darauf hin, dass die Typ-C ARR Teil der Cytokininsignaltransduktion sind.

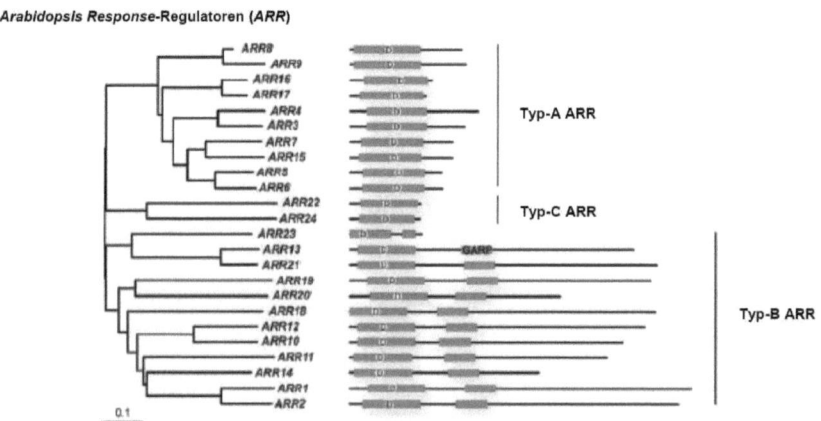

Abbildung 4: Schematische Darstellung des Aufbaus und der Verwandtschaftsverhältnisse der Arabidopsis *Response*-Regulatoren. Die phylogenetischen Verwandschaftsverhältnisse der Arabidopsis *Response*-Regulatoren sind anhand der Proteinsequenzen in einem nicht verwurzelten Baum dargestellt. Auf der rechten Seite sind die Domänen der jeweiligen ARR schematisch dargestellt. Der konservierte Aspartatrest [D] der *Receiver*-Domäne ist hervorgehoben (modifiziert nach Müller, 2011).

Die vierte und letzte Gruppe der ARR besteht aus sieben Mitgliedern, die als Pseudo-*Response*-Regulatoren bezeichnet (APRR) werden. Bei den APRR ist das konservierte Asp durch ein Glutamat substituiert, wodurch sie nicht an *His-to-Asp phosphorelays* beteiligt sind. Fünf der APPR (APPR1, APPR3, APPR5, APPR7 und APPR9) werden aufgrund ihrer ähnlichen Struktur am C-terminalen Teil der Proteine in eine Gruppe eingeteilt. Die beiden anderen APPR besitzen, ähnlich den Typ-B ARR, eine DNA-Bindedomäne (Mizuno, 2004). Die Funktion der Pseudo-*Response*-Regulatoren ist noch nicht endgültig geklärt, jedoch deuten Experimente auf eine regulatorische Funktion im zirkadianen Rhythmus hin (Mizuno und Nakamichi, 2005).

1.3.1.1 Typ-A *Response*-Regulatoren

Phylogenetische Analysen der Typ-A ARR haben gezeigt, dass sie sich paarweise in fünf Untergruppen einteilen lassen (Abbildung 4). Die Expression der Typ-A ARR kann durch Zugabe von Cytokinin induziert werden, wobei sich schnell (*ARR4-ARR7*) und leicht verzögert (*ARR8, ARR9, ARR15 und ARR16*) induzierte Typ-A ARR unterscheiden lassen (D'Agostino *et al.*, 2000; To *et al.*, 2004).

Die Untersuchungen von p*ARR5::GUS* Konstrukten zeigten eine besonders starke Expression im Spross- und Wurzelmeristem (D'Agostino *et al.*, 2000; Werner *et al.*, 2001). Hingegen konnte die Expression von p*ARR15::GUS* und p*ARR16::GUS* in der Stele der Wurzelspitze von jungen Keimlingen detektiert werden (Kiba *et al.*, 2002). Transiente Expression von *ARR4*, *ARR5*, *ARR6* und *ARR7* in Protoplasten führte zu einer Reprimierung eines p*ARR6::LUC* Konstruktes (Hwang und Sheen, 2001). Dieser negative Effekt auf die Cytokininsignaltransduktion konnte inzwischen für acht der zehn Typ-A ARR bestätigt werden (Kiba und Mizuno, 2003; To *et al.*, 2004, 2007; Lee *et al.*, 2008). In einem Sechsfachknockout (*arr3arr4arr5arr6arr7arr8arr9*) konnte eine erhöhte Induktion der Cytokininantwortgene (inklusive der verbleibenden Typ-A ARR) detektiert werden (To et al., 2004).

Die Phosphorylierung der Typ-A ARR ist wichtig für ihre Funktion und essentiell für den negativen *feedback*-Mechanismus. Die Überexpression einer phosphorylierungsinsensitiven Version von ARR5 (ARR5^{D87A}) konnte die Cytokininhypersensitivität der *arr3arr4arr5arr6* Mutante nicht komplementieren. Der ARR7-Phosphomimik (ARR7^{D85E}) resultierte in einer veränderten Sprossentwicklung (Leibfried et al., 2005; To et al., 2007; Lee et al., 2008). Weiterhin konnte gezeigt werden, dass der Phosphorylierungsstatus der Typ-A ARR auch einen Einfluss auf die Proteinstabilität hat. Während phophorylierungsinsensitive Versionen von ARR5 und ARR7 (ARR5^{D87A} und ARR7^{D85A}) deutlich schneller abgebaut wurden als die Wildtyp-Proteine, waren die Phosphomimik-Varianten (ARR5^{D87E} und ARR7^{D85E}) wesentlich länger stabil. Die beobachteten Veränderungen in der Stabilität der Typ-A ARR werden, zumindest zum Teil, durch die AHK- und AHP-Proteine vermittelt (To et al., 2007).

Die subzelluläre Lokalisation der Typ-A ARR konnte bis auf ARR3 und ARR16, die zusätzlich im Cytoplasma lokalisieren, im Zellkern detektiert werden (Hwang und Sheen, 2001; Kiba et al., 2002; Tanaka et al., 2004; Dortay et al., 2008). Viele der Typ-A ARR interagieren mit den AHP, während keine Interaktion mit den Typ-B ARR vorliegt (Dortay, 2006). Für ARR4 wurde ebenfalls eine phosphorylierungsabhängige Interaktion mit der aktiven Form des Rotlichtrezeptors PHYTOCHROME B (PhyB) gezeigt (Sweere et al., 2001). Die Typ-A ARR *ARR7* und *ARR15* können durch Auxin induziert werden, um dadurch die Cytokininexpression in der basalen Zelllinie des Embryos zu unterdrücken (Müller und Sheen, 2008).

Einzelknockouts der Typ-A ARR zeigen kaum phänotypische Veränderungen. Die Knockouts von *ARR8* und *ARR9* führen zu einer reduzierten

Anzahl an Lateralwurzeln, bei einer unveränderten Länge der Primärwurzel (To *et al.*, 2004). Ähnliche Effekte wurden bei der Überexpression von *ARR5* beobachtet, während der nächste Verwandte *ARR6* keine Veränderungen in dieser Hinsicht zeigte (Ren *et al.*, 2009).

1.3.1.2 Typ-B *Response*-Regulatoren

Die Typ-B RR gibt es evolutionär gesehen schon vor der Landeroberung durch die Pflanzen. Die Anzahl dieser RR nimmt in Richtung der evolutionär höher entwickelten Pflanzen hin zu. Während *Chlamydomonas rheinhardtii* zwei Typ-B RR besitzt, haben *Physcomytrella patens* und *Selaginella moellendorffii* jeweils fünf. In den höheren Pflanzen, wie Reis (9), Pappel und Arabidopsis (je 11), steigt die Zahl nochmals stark an (Pils und Heyl, 2009). In Arabidopsis lassen sich die Typ-B ARR in drei Unterfamilien, mit jeweils zwei Vertretern der kleineren Gruppen (*ARR13/ARR21* und *ARR19/ARR20*) und einer größeren Gruppe bestehend aus sieben Mitgliedern (*ARR1, ARR2, ARR10, ARR11, ARR12, ARR14 und ARR18*), einteilen (Abbildung 4). Für alle untersuchten Mitglieder wurde eine Lokalisation im Zellkern festgestellt (Sakai *et al.*, 2000; Hwang und Sheen, 2001; Lohrmann *et al.*, 2001; Mason *et al.*, 2004; Dortay *et al.*, 2008). Diese Lokalisation stimmt mit der postulierten Funktion als transkriptionelle Aktivatoren überein. Bisher konnte für sechs der elf Typ-B ARR ein positiver Effekt auf die Cytokininsignaltransduktion nachgewiesen werden (Hwang und Sheen, 2001; Sakai *et al.*, 2001; Imamura *et al.*, 2003; Mason *et al.*, 2004; Tajima *et al.*, 2004; Taniguchi *et al.*, 2007; Yokoyama *et al.*, 2007).

Die Typ-B ARR besitzen mehrere funktionelle Domänen (Abbildung 4). Am N-terminalen Teil der Proteine befindet sich die *Receiver*-Domäne mit dem für die Signalübertragung wichtigen konservierten Aspartatrest. Für die N-termiale Domäne konnte eine negative regulatorische Funktion in Abwesenheit von Cytokinin gezeigt werden (Hwang und Sheen, 2001;

Sakai *et al.*, 2001; Imamura *et al.*, 2003; Hass *et al.*, 2004; Tajima *et al.*, 2004). Die DNA-Bindedomäne (DBD) der Typ-B ARR weist große Ähnlichkeiten mit Myb-verwandten DNA-Bindedomänen auf und definiert sich durch ein 60 Aminosäure langes GARP (<u>G</u>olden2, <u>AR</u>R und <u>P</u>sr1)-Motiv mit Helix-*turn*-Helix Struktur (Hosoda *et al.*, 2002). In vitro-Bindungsstudien und NMR-Analysen der DBD der Typ-B ARR ARR1, ARR2 und ARR11 konnten kurze DNA-Bindemotive identifizieren. Es stellte sich heraus, das von den fünf identifizierten Basen nur die drei in der Mitte (5'-(A/G)<u>GAT</u>(T/C)-3') essentiell für eine Bindung der DBD sind. Die flankierenden Basen dienen vermutlich zur Spezifizierung der Bindungspartner. Während die DBD von ARR1 und ARR2 besser an die Sequenz 5'-AGATT-3' binden können, bevorzugt die DBD von ARR11, mit 5'-GGATT-3', eine leicht modifizierte Variante (Sakai *et al.*, 2000; Hosoda *et al.*, 2002; Imamura *et al.*, 2003). Ein paar Jahre später gelang es einer Gruppe mithilfe von bioinformatischen Analysen diese Bindesequenz zu erweitern. Durch die Analyse der Promotoren von 23 Zielgenen von ARR1 konnte die erweiterte Sequenz 5'-AA<u>GAT</u>(T/C)TTT-3' identifiziert werden (Taniguchi *et al.*, 2007). Transiente Überexpressionen von *ARR1* und *ARR21* in Protoplasten zeigten, dass dieses Bindemotiv zumindest teilweise für eine funktionelle Transaktivierung durch die Typ-B ARR verantwortlich ist (Ramireddy, 2009). Am C-terminalen Teil der Typ-B ARR befindet sich eine besonders P/Q-reiche Region, die im allgemeinen als *Output*-Domäne bezeichnet wird. Auch wenn dieser Bereich bisher nicht als eigenständige Domäne charakterisiert wurde, so konnte doch gezeigt werden, dass sie einen positiven Einfluss auf die Transaktivierungskapazität von ARR1, ARR2 und ARR11 hat (Lohrmann *et al.*, 1999; Sakai *et al.*, 2001; Imamura *et al.*, 2003).

Einzelknockouts der Typ-B ARR zeigten wenig bis keine phänotypischen Veränderungen. Die *arr1*-Mutanten hatten eine leicht verkürzte Primärwurzel (Sakai *et al.*, 2001) und der Verlust des nächsten Verwandten *ARR2* führte zu einer leichten Insensitivität gegenüber dem Phytohormon Ethylen (Hass *et al.*, 2004). Erst durch die Generierung von Mehrfachmutanten konnte die funktionelle Redundanz der Typ-B ARR überwunden werden. Dies zeigte sich in einer zunehmenden Insensitivität gegenüber Cytokinin von Mehrfachknockouts der Mitglieder der großen Untergruppe der Typ-B ARR (Sakai *et al.*, 2001; Mason *et al.*, 2005; Yokoyama *et al.*, 2007). Einen besonders starken Phänotyp wies dabei die Dreifachmutante *arr1arr10arr12* auf, die beinahe vollständig cytokininsensitiv war (Mason *et al.*, 2005). Dies deutet auf eine funktionelle Redundanz dieser drei Mitglieder hin. Obwohl *ARR2* phylogenetisch gesehen am engsten mit *ARR1* verwandt zu sein scheint (Abbildung 4), haben die beiden funktionell gesehen nur wenig Gemeinsamkeiten. Erst kürzlich konnte für *ARR2* eine Funktion bei der Resistenz gegen Pathogenbefall in Abhängigkeit von Cytokinin festgestellt werden. ARR2 interagiert mit TGA1-Related Gene 3 (TGA3), bindet anschließend als ARR2/TGA3 Proteinkomplex an den Promotor des Pathogenantwortgens *Pathogenesis-Related Gene 1* (*PR1*) und kann dort eine Resistenzantwort auslösen (Choi *et al.*, 2010). Unter gleichen Bedingungen konnte keine Interaktion von ARR1 mit TGA3 gefunden werden. Die Expression von *ARR1* wird früh in der Wurzelentwicklung durch Gibberellin unterdrückt (Moubayidin *et al.*, 2010). Dieses und andere Beispiele zeigen, dass die Typ-B ARR an der Vermittlung der unterschiedlichen Signalwege der Phytohormone beteiligt sind. Molekulare Studien der Typ-B ARR sowie ihrer Interaktionspartner werden tiefergehende Einblicke in die regulatorischen Mechanismen dieser Gruppe von Proteinen geben.

1.4 Andere transkriptionelle Regulatoren des Cytokininsignalweges

Wie bereits oben beschrieben, wurden immense Fortschritte in der Aufklärung der Regulation des Cytokininsignalweges durch die Typ-B ARR gemacht. Weitgehend unbekannt sind allerdings regulatorische Mechanismen neben den Typ-B ARR.

Die Initiierung der Trichomen in den Blüten von Arabidopsis wird sowohl durch das Phytohormon Cytokinin als auch Gibberellin gesteuert. Dabei werden die beiden Signalwege durch die drei Transkriptionsfaktoren *Glabrous Inflorescence Stems* (*GIS*), *Zink Finger Protein 8* (*ZFP8*) und *GIS2* reguliert (Gan *et al.*, 2007). Der für Pflanzen spezifische Transkriptionsfaktor *Assymetric Leaves 2-like 9* (*ASL9*), der *AS2/LOB* Genfamilie, wird in Abhängigkeit des Cytokininsignalweges durch Cytokinin reguliert. Weiterhin konnte gezeigt werden, dass die Überexpression von *ASL9* eine veränderte Antwort auf Cytokinin in Pflanzen auslöst (Naito *et al.*, 2007). Weitere Regulatoren des Cytokininsignalweges wurden mit der Identifizierung der GLABROUS1 ENHANCE-BINDING PROTEIN/GeBP-like (GeBP/GPL)-Proteine gefunden. Dreifachknockout Pflanzen von *geblgpl1gpl2* zeigten eine reduzierte Sensitivität gegenüber Cytokinin in Seneszenz- und Wachstumsassays, während die Inhibierung der Länge der Primärwurzel in den Mutanten unverändert blieb. Analysen dieser Dreifachmutanten zeigten erhöhte Transkriptmengen der Typ-A ARR, was für einen antagonistischen Effekt der GeBP/GPL-Proteine gegenüber den Typ-A ARR spricht (Chevalier *et al.*, 2008). Neben der möglichen Funktion im Cytokininsignalweg wurde für die GeBL/GPL-Proteine eine Rolle bei der Pathogenantwort beschrieben (Perazza *et al.*, 2011).

In *microarray*-Experimenten konnten 2003 weitere cytokininregulierte Transkriptionsfaktoren identifiziert werden (Rashotte *et al.*, 2003). Bei den *Cytokinin Response Factors* (*CRF*) handelt es sich um sechs Mitglieder der APETALA2-*like* Transkriptionsfaktorfamilie (Rashotte *et al.*,

2003, 2006; Rashotte und Goertzen, 2010; Cutcliffe et al., 2011). Für drei der sechs CRF (CRF2, CRF5 und CRF6) konnte eine, durch die Typ-B ARR vermittelte, Induzierbarkeit durch Cytokinin gezeigt werden (Kiba et al., 2005; Rashotte et al., 2006). Alle CRF-Proteine akkumulierten nach Zugabe von Cytokinin, in Abhängigkeit von den AHK und AHP, schnell im Zellkern. Yeast two-hybrid und bimolekulare Fluoreszenzkomplementation (BiFC) Untersuchungen der CRF-Proteine zeigten Interaktionen mit den AHP sowie einiger CRF mit Typ-A und Typ-B ARR auf (Cutcliffe et al., 2011).

Die CRF-Knockout-Pflanzen weisen Defekte in den Kotelydonen und bei der Blattexpansion, mit zunehmender Schwere in Mehrfachmutanten, auf. Es konnten allerdings auch cytokininunabhängige Phänotypen identifiziert werden. So resultierte das Ausschalten von CRF1, CRF2 und CRF5 in einem Pigmentierungsverlust der Blätter, während die crf5crf6-Doppelmutante embryoletal war (Rashotte et al., 2006). Die Dreifachknockout-Mutanten crf1crf2crf5 und cfr2crf3crf6 zeigten eine veränderte Genexpression von etwa 50 % aller cytokininregulierten Gene. Allerdings blieb die Induzierbarkeit der Typ-A ARR durch Cytokinin in diesen Mutanten unverändert (Rashotte et al., 2006). Diese Ergebnisse deuten darauf hin, dass die CRF sowohl gleiche als auch komplett unterschiedliche Zielgene wie die Typ-B ARR besitzen.

Microarray-Analysen von cytokinininduzierten WT-Keimlingen identifizierten mehrere Transkriptionsfaktoren, die durch Cytokinin induziert werden (Köllmer et al., 2011). Untersuchungen von Knockoutmutanten sowie von überexprimierenden Linien zeigten Phänotypen auf, die in Zusammenhang mit Cytokinin gebracht werden. Die Überexpression des Transkriptionsfaktors GATA22 resultierte in Pflanzen mit einer verkürzten Primär- und einer reduzierten Anzahl an Lateralwurzeln. Des Weiteren hatten die GATA22-Überexprimierer ein grüneres Hypokotyl mit mehr

Chlorophyll. Unter den identifizierten Transkriptionsfaktoren waren auch zwei HOMEO BOX FROM ARABIDOPSIS THALIANA (HAT)-Proteine. Der Verlust von HAT4 führte zu einer längeren Primärwurzel und einer geringeren Anzahl an Lateralwurzeln. Sowohl die Überexpression von HAT22 als auch von HAT4 resultierte in Pflanzen mit schmaleren Kotyledonen. Des Weiteren konnte für die HAT22-Überexprimierer ein frühere Seneszenz verglichen mit dem Wildtyp gezeigt werden. Funktionelle Analysen des *basic Helix-loop-Helix 64* (*bHLH64*) Transkriptionsfaktors zeigten eine veränderte Hypokotylelongation auf gibberellin-haltigem Medium. Dies zeigt, dass *bHLH64* sowohl bei der Signalweiterleitung von Cytokinin als auch Gibberellin involviert ist (Köllmer *et al.*, 2011).

1.5 Transkriptionelle Regulation

Das vollständig sequenzierte Arabidopsisgenom wurde im Jahr 2000 publiziert (Arabidopsis-Genome-Initiative, 2000). Basierend auf der Analyse von bekannten konservierten DBD konnten etwa 1500 potentielle Transkriptionsfaktoren (TF) identifiziert werden (Riechmann *et al.*, 2000). Neuere Untersuchungen ergaben mehr als 2000 TF-kodierende Gene (Davuluri *et al.*, 2003; Guo *et al.*, 2005; Riano-Pachon *et al.*, 2007). Die Anzahl der identifizierten TF-kodierenden Gene ist im Gegensatz zu *Drosophila melanogaster* und *Caenorhabditis elegans*, die ein vergleichbar großes Genom besitzen, in Arabidopsis deutlich höher (Riechmann *et al.*, 2000). Hinzu kommt, dass die TF in Arabidopsis auch ein breiteres Spektrum an DNA-Bindespezifitäten besitzen.

Bei TF wird zwischen transkriptionellen Aktivatoren und Repressoren unterschieden. TF mit Domänen, die besonders reich an den Aminosäuren Glutamin oder Prolin sind, wie zum Beispiel TIMING OF CAB EXPRESSION 1 (TOC1), den DEHYDRATION-RESPONSIVE ELEMENT BINDING PROTEINS (DREBs), den AUXIN-RESPONSE FACTORS (ARFs) und dem G-BOX BINDING FACTOR 1 (GBF1) zählen zu den transkriptionellen Aktivatoren (Schindler *et al.*, 1992; Ulmasov *et al.*, 1999; Strayer *et al.*, 2000; Sakuma *et al.*, 2002). Auch das AHA-Motiv, das eine charakteristische aromatische und hydrophobe Aminosäuresequenz besitzt, wurde als Aktivierungsdomäne (AD) pflanzlicher Hitzeschutzproteine identifiziert (Doring *et al.*, 2000). Transkriptionelle Repressoren wurden erst mit der Entdeckung des ERF-ASSOCIATED AMPHIPHILIC REPRESSION (EAR)-Motivs des in Tabak gefundenen ETHYLENE RESPONSIVE ELEMENT BINDING FACTOR 3 (EREBP3) bekannt (Ohta *et al.*, 2001). Die Repressoren lassen sich in passive und aktive Repressoren unterteilen. Passive Repressoren besitzen weder eine AD noch eine Repressordomäne (RD). Einige dieser TF, wie zum Beispiel DOF ZINC FINGER PROTEIN 2 (DOF2) aus Mais, reprimieren die Transkription durch Kompetition der Bindung an *cis*-regulatorische Elemente der transkriptionellen Aktivatoren (Yanagisawa und Sheen, 1998). Die Arabidopsis Myb-TF CAPRICE (CPC), TRIPTYCHON (TRY), ENHANCER OF TRY AND CPC1 (ETC1), ETC2 und ETC3 sind negative Regulatoren von GLABRA *1* (GL1) sowie WEREWOLF (WER) und vermitteln dies wahrscheinlich über passive Repression (Esch *et al.*, 2004; Simon *et al.*, 2007; Tominaga *et al.*, 2007). Aktive Repressoren besitzen definierte RD, die transkriptionelle Aktivatoren inhibieren können. Das oben bereits erwähnte EAR-Motiv ist eine pflanzenspezifische RD mit nur sechs für die Aktivität essentiellen Aminosäureresten (Hiratsu *et al.*, 2003). Die Fusion des EAR-Motivs an einen transkriptionellen Aktivator wandelt diesen funktionell in einen Repressor um. Dieser Effekt wurde bereits im Zusammenhang mit dem Cytokininsignalweg untersucht. Die Fusion des EAR-Motivs an den Typ-B ARR ARR1 führte zu einem kompletten Verlust der Transaktivierungskapazität dieses TF. Zusätzlich konnte gezeigt werden, das auch andere Mitglieder dieser Proteinfamilie durch die ARR1-EAR-Fusion reprimiert werden (Heyl *et al.*, 2008;

Ramireddy, 2009). Mit dem EAR-Motiv ist es möglich, funktionell ganze Familien von Transkriptionsaktivatoren auszuschalten. Allerdings sollte dabei berücksichtigt werden, dass die EAR-RD in sehr vielen Arabidopsis TF gefunden wurde und somit eine Überexpression zu starken pleiotropen Phänotypen führen kann. Neben der EAR-RD wurden kürzlich weitere RD in MYB-LIKE 2 (MYBL2) und den B3 DNA-BINDING DOMAIN Transkriptionsfaktoren identifiziert (Matsui et al., 2008; Ikeda und Ohme-Takagi, 2009).

Die transkriptionellen Aktivatoren und Repressoren arbeiten antagonistisch um eine differenzierte Steuerung der Genexpression zu ermöglichen. In tierischen Organismen konnte für einige TF eine bidirektionale Funktion, sowohl als Aktivator als auch Repressor, in Abhängigkeit der Zielgene nachgewiesen werden (Adkins et al., 2006). In Pflanzen wurde für den TF WRKY6 eine negative Regulation sowohl auf *Pho1* als auch auf sich selbst gezeigt (Robatzek und Somssich, 2002; Chen et al., 2009). Im Gegenzug konnte auch eine aktivierende Funktion von WRKY6 auf die *Seneszenz-induzierte Rezeptorkinase* (*SIRK*) nachgewiesen werden (Robatzek und Somssich, 2002). Der überwiegende Teil der TF wird auf der Ebene der Transkription durch andere TF reguliert. Einige TF, wie zum Beispiel ETHYLENE-INSENSITIVE 3 (EIN3), werden über posttranskriptionelle Modifikationen gesteuert (Yanagisawa et al., 2003). Für ARR2 konnte der Proteinabbau über das 26S-Proteasom nachgewiesen werden. Dabei ist die cytokininabhängige Phosphorylierung des konservierten Aspartatrestes von entscheidender Bedeutung (Kim et al., 2012).

Kurze RNAs, die als Ziel TF haben, sind ebenfalls ein wichtiger regulatorischer Mechanismus. Vorhersagen postulieren, das über 69 TF Ziel für miRNAs sind (Gustafson et al., 2005; Backman et al., 2008). Die transkriptionelle Regulation in Pflanzen ist äußert vielseitig und sehr komplex. Weitere Untersuchungen der TF und ihrer molekularen Interaktionen mit anderen Proteinen und DNA-Bindestellen werden tiefere Einblicke in die Mechanismen der Regulation von Genen liefern.

1.6 Zielsetzung der Arbeit

In den vorherigen Abschnitten wurde beschrieben, welche Fortschritte bei der Aufklärung der Cytokininsignalweiterleitung erzielt wurden. Die Mehrzahl der Studien wurde dabei an Überexpressionspflanzen und Knockout-Mutanten durchgeführt. Dabei wurde ein besonderer Fokus auf die Signalweiterleitung über den Typ-B ARR-vermittelten Weg gelegt. Auch wenn bereits alternative Regulationsmechanismen zu den Typ-B ARR aufgezeigt wurden, so ist doch bisher kaum etwas über ihre molekularen Interaktionen bekannt. Zum Beispiel konnte kein weiteres cytokininantwort-vermittelndes DNA-Bindemotiv, weder für die Typ-B ARR noch für die anderen an der Cytokininsignalweiterleitung beteiligten TF identifiziert werden. Aus diesem Grund wurden im Rahmen dieser Promotion folgende Fragestellungen näher untersucht werden:

i. Die Bindung von ARR1 an den Promotor von *ARR6* konnte bereits gezeigt werden. In dieser Arbeit wurde die Spezifität der Interaktion mit Hilfe von Gelretardationsassays näher untersucht.

ii. Für ein besseres Verständnis der Cytokininsignalweiterleitung sollten weitere *cis*-regulatorische Elemente identifiziert und charakterisiert werden. Dafür wurde exemplarisch der Promotor des Typ-A ARR Gen *ARR6* näher untersucht.

iii. Analysen der molekularen Interaktionen zwischen den identifizierten *cis*-Elementen und *trans*-Faktoren, die daran binden, um tiefergehende Einblicke in die transkriptionelle Regulation des Cytokininsignalweges zu bekommen.

2 Material und Methoden

2.1 Materialien

2.1.1 Chemikalien

Die in dieser Arbeit verwendeten Laborchemikalien mit analytischem Reinheitsgrad wurden überwiegend von den Firmen Fluka (Buchs, Schweiz), Merck (Darmstadt), Peqlab (Erlangen), Roth (Karlsruhe), Serva (Heidelberg) und Sigma (Deisenhofen) bezogen.

2.1.2 Reaktionskits

In der nachfolgenden Tabelle 1 sind die in dieser Arbeit verwendeten Reaktionskits aufgelistet.

Tabelle 1: Liste der verwendeten Reaktionskits. In der folgenden Tabelle sind die in dieser Arbeit verwendeten Kits, deren Hersteller und experimentelle Verwendung aufgelistet

Kit	Hersteller	Verwendung
InvisorbTM Spin Plasmid Mini Kit	Invitek, Berlin	Plasmid-Minipräparation
Nucleobond Xtra Maxi	Macherey-Nagel, Düren	Plasmid-Maxipräparation
QIAquick Gel Extraction Kit	Qiagen, Hilden	Extraktion von DNA aus Agarosegelen
QIAquick PCR Purification Kit	Qiagen, Hilden	Aufreinigung von PCR-Produkten Aufreinigung von radioaktiv markierter DNA (GRA)
Qiagen RNeasy Kit	Qiagen, Hilden	Aufreinigung von RNA

2.1.3 Enzyme

Restriktionsendonukleasen für analytische und präparative Zwecke wurden von Fermentas (St. Leon-Rot) und New England Biolabs (Frankfurt) bezogen. Weitere Enzyme, deren Hersteller und der Verwendungszweck sind in Tabelle 2 aufgelistet.

Tabelle 2: Liste der verwendeten Enzyme.

Enzym	Hersteller	Verwendung
BP- und LR-Clonase™	Invitrogen, Karlsruhe	Gateway™-Klonierung
Calf Intestine Alkaline Phosphatase (CIAP)	Fermentas, St. Leon-Rot	Dephosphorylierung von DNA
Cellulase R-10	Serva, Heidelberg	Isolierung von Arabidopsis Mesophyllprotoplasten
Immolase	Bioline, Luckenwalde	quantitative *real-time* Polymerasekettenreaktion (qRT-PCR)
Macerozyme	Serva, Heidelberg	Isolierung von Arabidopsis Mesophyllprotoplasten
Pfu-Polymerase	hauseigenes Enzym	Polymerasekettenreaktion (PCR)
Polynukleotidkinase (PNK)	Fermentas GmbH, St. Leon-Rot	radioaktive Markierung von DNA-Fragmenten
Proteinase K	Invitrogen, Karlsruhe	Gateway™-Klonierung
SuperScript™ III Reverse Transcriptase	Invitrogen, Karlsruhe	Synthese von cDNA
T4-DNA-Ligase	Fermentas GmbH, St. Leon-Rot	Ligation von DNA-Fragmenten
Taq-Polymerase	hauseigenes Enzym	Polymerasekettenreaktion (PCR)

2.1.4 Nährmedien

2.1.4.1 Nährmedien für Bakterien

Als Standardmedium für Bakterien wurde das Luria-Bertani (LB) Medium verwendet (25 g/l Fertigmedium, pH 7,2, Roth, Karlsruhe) (Bertani, 1951). Festmedium wurde durch Zugabe von 15 g/l Agar (Merck, Darmstadt) zum Flüssigmedium hergestellt. Des Weiteren wurden die Medien *teriffic broth* (TB) (12 g/l Trypton; 24 g/l Hefeextrakt; 4 ml/l Glycerol; Zugabe von 100 ml 10-fach TB-Phosphat (0,17 M KH_2PO_4; 0,72 M K_2HPO_4) nach dem Autoklavieren) und 2xYT (16 g/l Trypton; 10 g/l Hefeextrakt; 5 g/l NaCl; Einstellen auf pH 7,0 mit 5 N NaOH) verwendet, um höhere Zelldichten zu erreichen (Sambrook, 2001). Für Agrobakterien wurde zusätzlich das nährstoffreiche YEB-Medium (5 g/l Bacto Pepton, 1 g/l Hefeextrakt, 5 g/l Rinderextrakt, 5 g/l Saccharose, Zugabe von 2 ml/l 1 M

MgCl$_2$ nach dem Autoklavieren) verwendet (Vervliet *et al.*, 1975). Sämtliche Medien wurden für 15 min autoklaviert, bei RT gelagert und bei Bedarf mit Antibiotika versetzt (Tabelle 3). Nach der Zugabe von Antibiotika zum Medium, konnte dies bis zu sechs Monate bei 4°C gelagert werden.

Tabelle 3: Liste der verwendeten Antibiotika. Für jedes Antibiotikum sind die Konzentration der Stammlösung, die Endkonzentration und das verwendete Lösungsmittel aufgeführt.

Antibiotikum	Konzentration der Stammlösung	Endkonzentration	Lösungsmittel
Carbenicillin	50 mg/ml	50 µg/ml	H$_2$O
Chloramphenicol	25 mg/ml	25 µg/ml	Ethanol
Gentamycin	25 mg/ml	25 µg/µl	H$_2$O
Hygromycin	50 mg/ml	50 µg/ml	H$_2$O
Kanamycin	100 mg/ml	100 µg/ml	H$_2$O
Rifampicin	50 mg/ml	50 µl/ml	DMSO
Spectinomycin	30 mg/ml	30 µg/ml	H$_2$O
Tetracyclin	10 mg/ml	10 µg/ml	Ethanol

2.1.4.2 Nährmedien für Hefen

Das Vollmedium YPD (20 g/l Pepton; 10 g/l Hefeextrakt; 2% Glukose; pH 5,8 mit HCl) wurde als Standard-Hefemedium verwendet (Ausubel *et al.*, 1994). Für die Selektion von Hefen wurde das *synthetic defined* (SD) Medium verwendet (6,7 g/l *Yeast Nitrogen Base*; Zugabe von 50 ml/l 40% Glukose nach dem Autoklavieren). Dieses wurde je nach Selektion mit einer oder mehreren der folgenden Aminosäuren komplettiert (Tabelle 4).

Tabelle 4: Verwendete Aminosäuren für Hefe-Selektionsmedium

Aminosäure	Konzentration der Stammlösung	Endkonzentration
Leucin	0,2%	0,002%
Histidin	0,2%	0,002%
Tryptophan	0,2%	0,002%
Uracil	0,2%	0,002%

2.1.4.3 Nährmedien für Pflanzen

Für Pflanzen wurde standardmäßig das MS-Medium (4,2 g/l MS-Salze; 0,1 g/l myo-Inisitol, 0,5 g/l MES, 1-10 g/l Saccherose, 10 g/l Agar; pH 5,7) verwendet (Murashige und Skoog, 1962). Für Flüssigkulturen, z.B. für die Anzucht von Arabidopsis-Keimlingen zur Extraktion von RNA wurde ½ MS-Medium ohne Zucker verwendet. Die MS-Platten für die verschiedenen biophysiologischen Untersuchungen wurden weiterhin mit unterschiedlichen Konzentrationen von Cytokinin und/oder anderen Chemikalien versetzt.

2.1.5 Organismen

In dieser Arbeit wurde für mikrobiologische Arbeiten das Bakterium *Escherichia coli* verwendet. Die verschiedenen Laborstämme sind in Tabelle 5 aufgelistet. Für die Transformation von Pflanzen wurde des Weiteren das Bodenbakterium *Agrobacterium tumefaciens* verwendet (Tabelle 6). Neben den beiden zuvor genannten Prokaryoten wurde ebenfalls mit eukaryotischen Organismen gearbeitet. Zum einen mit der Bäckerhefe (*Saccharomyces cerevisiae*), welche für die Protein-Protein- und Protein-DNA-Studien verwendet wurde; der Genotyp des verwendeten Stammes ist Tabelle 7 zu entnehmen. Des Weiteren wurden der Modellorganismus *Arabidopsis thaliana* und die Tabakpflanze *Nicotiana benthamiana* verwendet.

Tabelle 5: Liste der verwendeten *Escherichia coli* Stämme

Stamm	Referenz	Genotyp	Verwendung
DH10B	Calvin und Hanawalt, 1988; Raleigh *et al.*, 1988	F⁻ *mcr*A Δ(*mrr-hsd*RMS-*mcr*BC) Φ80*lac*ZΔM15 Δ*lac*X74 *rec*A1 *end*A1 *ara*D139 Δ(*ara, leu*)7697 *gal*U *gal*K λ⁻ *rps*L *nup*G	Plasmidvermehrung und Klonierung
DB3.1	Hanahan, 1983; Bernard und Couturier, 1992	F⁻ *gyr*A462 *end*A1 Δ(*sr*1-*rec*A) *mcr*B *mrr hsd*S20($r_B^- m_B^-$) *su-pE*44 *ara*14 *gal*K2 *lac*Y1 *pro*A2 *rps*L20(Sm^r) *xyl*5 Δ*leu mtl*1	Klonierung
BL21(DE) pLysS	Grunberg-Manago, 1999; Lopez *et al.*, 1999	F⁻ *omp*T *hsd*S$_B$ ($r_B^- m_B^-$) *gal dcm rne*131 (DE3) pLysS (Cam^R)	Proteinexpression

Tabelle 6: Liste der verwendeten Agrobakterien-Stämme

Stamm	Referenz	Genotyp	Verwendung
GV3101::pM90	Schell, 1978; Koncz et al., 1987	Rif^R, Gm^R	Transformation von *Arabidopsis thaliana*, transiente Expression in *Nicotiana benthamiana*
GV3101::pM90 RK	Hellens et al., 2000	Rif^R, Gm^R, Km^R pMP90RK (pTiC58_T-DNA)	Proteinexpression von Strep-getagten Proteinen in *Nicotiana benthamiana*
C58C1::pCH32	Voinnet et al., 2003	Rif^R, Gm^R, Km^R	Unterdrückung des *gene silencing* durch Expression des p19 Proteins

Tabelle 7: Liste der verwendeten *Saccharomyces cerevisiae* Stämme

Stamm	Referenz	Genotyp	Verwendung
L40ccua	Goehler et al., 2004	MATa his3Δ200 trp1-901 leu2-3,112 LYS2::(lexAop)$_4$- HIS3 URA3::(lexAop)$_8$-lacZ ADE2::(lexAop)$_8$-URA3 GAL4 gal80 can1 cyh2	Yeast one-hybrid, Yeast two-hybrid

Das Gros der pflanzlichen Untersuchungen in dieser Arbeit wurden an *Arabidopsis thaliana* (Ackerschmalwand) durchgeführt. Dabei wurde, sofern nicht anderweitig vermerkt, der Ökotyp Columbia-0 (Col-0) verwendet. Für die Samenvermehrung und zur phänotypischen Untersuchung wurden die Pflanzen auf Erde (65% Komposterde, 25% Sand) im Gewächshaus bei 21°C und Langtagbedingungen kultiviert. *In vitro*-Kultivation der Arabidopsis-Pflanzen wurde mit MS-Medium durchgeführt (siehe Abschnitt 2.1.4.3). Bei Transfer der Pflanzen von *in vitro* Bedingungen ins Gewächshaus, wurden der Erde zusätzlich 10 % Granulat beigemengt.

Zur transienten Expression von Proteinen wurde außerdem *Nicotiana benthamiana* eingesetzt (siehe Abschnitt 2.3.1.2). Die Tabakpflanzen wurden dazu bei 24°C und einem Tag- / Nachtzyklus von 14 h / 10 h auf Einheitserde im Gewächshaus kultiviert.

2.1.6 Oligonukleotide

Die in dieser Arbeit verwendeten Oligonukleotide sind mit Angabe ihrer Sequenz und des Verwendungszweckes in Tabelle 8 aufgelistet.

Tabelle 8: Auflistung der verwendeten Oligonukleotide

Oligonukleotid	Sequenz (5'-3')	Verwendung
35S seq 2	GTTCCAACCACGTCTTCAAAGC	Sequenzierungsprimer für Vektoren mit 35S Promotor
ARR1 qRT fw	GCAAGTCACCTCCAGAAATACC	*Real-time* PCR für *ARR1*
ARR1 qRT rev	ATCCTGACCCGTCATAAACG	*Real-time* PCR für *ARR1*
ARR6 -105 mut sense	GCAAATTGACAAAA<u>AG</u>TTAAAGATATGCAA	Mutageneseprimer für den Promotor von *ARR6*
ARR6 -105 mut antisense	TTGCATATCTTTAA<u>CT</u>TTTTGTCAATTTGC	Mutageneseprimer für den Promotor von *ARR6*
ARR6 qRT fw	GAGCTCTCCGATGCAAAT	*Real-time* PCR für *ARR6*
ARR6 qRT rev	GAAAAGGCCATAGGGGT	*Real-time* PCR für *ARR6*
attB1-GW-5'	GGGGACAAGTTTGTACAAAAAAGCAGGCT	Gateway™ Adapter PCR
attB2-GW-3'	GGGGACCACTTTGTACAAGAAAGCTGGGT	Gateway™ Adapter PCR
LSH3 5' GW	AAAAAGCAGGCTTGATGGATATGATTCCC-CAATTG	Gateway™ Klonierung von *LSH3*
LSH3 3' GW	AGAAAGCTGGGTATTACTTCTCAAACTT-TAATTG	Gateway™ Klonierung von *LSH3*
LSH3 5'-*Eco*RI Strep	GCG<u>GAATTC</u>AAAATGGATATGATTCCC-CAATTG	Klonierungsprimer für die C-terminale Strep-*tag* Fusion (Restriktionsschnittstelle ist unterstrichen)
LSH3 3'-*Xma*I Strep w/o stop	GCG<u>CCCGGG</u>CTTCTCAAACTTTAATTGAG	Klonierungsprimer für die C-terminale Strep-*tag* Fusion (Restriktionsschnittstelle ist unterstrichen)
LSH3 3'-*Xma*I Strep	GCG<u>CCCGGG</u>TTACTTCTCAAACTTTAATT-GAG	Klonierungsprimer für die N-terminale Strep-*tag* Fusion (Restriktionsschnittstelle ist unterstrichen)
LSH 5'-*Nco*I Strep	GCGC<u>CATGGA</u>TATGATTCCCCAATTGATG	Klonierungsprimer für die N-terminale Strep-*tag* Fusion (Restriktionsschnittstelle ist unterstrichen)
LSH3 qRT fw	TCCTCCGTTACTTGGACCAG	*Real-time* PCR für *LSH3*
LSH3 qRT rev	GCTCGAAGACGACCGATAAG	*Real-time* PCR für *LSH3*
M13 forward	GTAAAACGACGGCCAG	Sequenzierungsprimer pDONR-Vektoren
M13 reverse	CAGGAAACAGCTATGAC	Sequenzierungsprimer für pDONR-Vektoren
UBC10 qRT fw	CCATGGGCTAAATGGAAA	*Real-time* PCR für das Referenzgen *UBC10* (At3g25800)
UBC10 qRT rev	TTCATTTGGTCCTGTCTTCAG	*Real-time* PCR für das Referenzgen *UBC10* (At3g25800)

2.1.7 Plasmide

In der nachfolgenden Tabelle 9 sind sämtliche in dieser Arbeit verwendeten Ausgangsvektoren mit ihren Selektionsmarkern und ihrem Verwendungszweck aufgelistet. Alle weiteren verwendeten Plasmide dieser Arbeit sind durch Klonierung verschiedener DNA-Fragmente in diese Vektoren erzeugt worden.

Tabelle 9: Liste der verwendeten Plasmide

Plasmid	Firma / Referenz	Bakterien- / Hefemarker	Verwendung
pACT2-GW	Dortay et al., 2006, 2008	Carbenicillin / Leucin	Yeast two-hybrid
pB2GW7	Karimi et al., 2002	Spectinomycin / -	Überexpressionsvektor für Pflanzen mit 35S Promotor
pB7WGF2	Karimi et al., 2002	Spectinomycin / -	Überexpressionsvektor für Pflanzen mit N-terminalem GFP
pB7FWG2	Karimi et al., 2002	Spectinomycin / -	Überexpressionsvektor für Pflanzen mit C-terminalem GFP
pBT10-GUS	Sprenger-Haussels und Weisshaar, 2000	Carbenicillin / -	PTA Reportervektor
pBTM116-D9-GW	Goehler et al., 2004	Tetracyclin / Tryptophan	Yeast two-hybrid
pDONR221	Invitrogen™, Karlsruhe	Kanamycin / -	Gateway™ DONR-Vektor
pDONR222	Invitrogen™, Karlsruhe	Kanamycin / -	Gateway™ DONR-Vektor
pDEST15	Invitrogen™, Karlsruhe	Carbenicillin / -	Proteinexpression GST-getagter Proteine in E. coli
pROK219_NAN	Kirby und Kavanagh, 2002	Kanamycin / -	PTA Referenzvektor
pXCS-HAStrep	Witte et al., 2004	Carbenicillin / -	Überexpressionsvektor für Pflanzen mit C-terminalem Strep-tag
pXNS1pat-Strep	Witte et al., 2004	Carbenicillin / -	Überexpressionsvektor für Pflanzen mit N-terminalem Strep-tag

2.2 Molekularbiologische Methoden

2.2.1 Herstellung und Transformation von kompetenten Zellen

2.2.1.1 Herstellung und Transformation von chemisch kompetenten *E. coli* Zellen

Für die Herstellung chemisch kompetenter *E. coli* Zellen gibt es mehrere unterschiedliche Methoden. In dieser Arbeit wurde ein leicht modifiziertes Protokoll der TSS-Methode (Chung *et al.*, 1989) verwendet. Der *E. coli*-Stamm wurde aus einer Dauerkultur in 5 ml LB-Medium über Nacht bei 37°C und 150 U/min inkubiert. Aus dieser Vorkultur wurde 1 ml in 100 ml vorgewärmtes LB-Medium überführt und bis zu einer optischen Dichte bei 600 nm (OD_{600}) von 0,5 wachsen gelassen. Die Kultur wurde anschließend bei 4°C für 5 min bei 4.000 x g abzentrifugiert und in 2 ml eiskaltem TSS-Medium (85% v/v LB-Medium; 10% w/v PEG 8.000; 5% v/v DMSO; 50 mM $MgCl_2$) resuspendiert. Nach der Zugabe von 200 µl eiskaltem 87%-igem Glycerin wurden die Zellen in 100 µl Aliquots in flüssigem Stickstoff schockgefroren und bis zur weiteren Verwendung bei -80°C gelagert.

Die eingefrorenen chemisch kompetenten Zellen wurden bei 4°C aufgetaut. Nach dem Auftauen wurde die DNA (1 – 100 ng) hinzupipettiert und das *E. coli*-DNA-Gemisch für 20 min bei 4°C inkubiert. Anschließend erfolgte ein Hitzeschock für 45 Sek bei 42°C und die Zugabe von 900 µl vorgewärmten LB-Mediums. Die *E. coli* Zellen wurden für eine Stunde bei 37°C und 1.250 U/min inkubiert und anschließend auf LB-Selektionsmedium ausplattiert (Chung *et al.*, 1989).

2.2.1.2 Herstellung und Transformation von elektrokompetenten *E. coli* Zellen

Die *E. coli* Zellen wurden aus einer Dauerkultur über Nacht in 5 ml LB-Medium bei 37°C und 150 U/min kultiviert. Am nächsten Morgen wurde 1 ml dieser Vorkultur in 100 ml vorgewärmtes (37°C) LB-Medium überführt und die Kultur bei 37°C und 150 U/min inkubiert. Beim Erreichen einer OD_{600} von 0,5 wurden die Zellen in zwei 50 ml Reaktionsgefäße überführt und bei 3.000 U/min und 4°C abzentrifugiert. Alle nachfolgenden Zentrifugationsschritte wurden mit den gleichen Einstellungen durchgeführt. Die entstandenen *E. coli* Pellets wurden zweimal mit jeweils 20 ml eiskaltem ddH_2O und anschließend mit 10 ml 10%-igem eiskaltem Glycerin gewaschen. Abschließend wurden die Pellets in je 1 ml 10%-igem Glycerin resuspendiert und in 50 µl Aliquots in flüssigem Stickstoff schockgefroren. Die kompetenten Zellen konnten bis zur Verwendung bei -80 °C für mehrere Monate gelagert werden (Calvin und Hanawalt, 1988).

Für die Transformation von elektrokompetenten *E. coli* Zellen wurden diese auf Eis aufgetaut und nach Zugabe von DNA für 20 min auf Eis inkubiert. Während dieser Zeit wurden die Elektroporationsküvetten (Peqlab, Erlangen) auf Eis vorgekühlt und pro Transformation je 1 ml LB-Medium auf 37°C vorgewärmt. Für die Elektroporation wurde das *E. coli*-DNA-Gemisch in den Spalt der Küvetten pipettiert, die Metallplatten der Küvetten gründlich abgetrocknet, die Zellen im Elektroporator (MicroPulser™, Bio-Rad, München) mit 1,8 kV für zwei bis sechs Millisekunden elektroporiert und anschließend sofort das vorgewärmte LB-Medium zugegeben. Der Ansatz wurde in ein 1,5 ml Reaktionsgefäß überführt, für eine Stunde bei 37°C und 1.250 U/min inkubiert und auf LB-Selektionsmedium ausplattiert (Calvin und Hanawalt, 1988).

2.2.1.3 Herstellung und Transformation von kompetenten Agrobakterien

Mit Ausnahme der Kultivierungsbedingungen, die für Agrobakterien bei 28°C liegt, erfolgte sowohl die Herstellung als auch die Transformation nach den gleichen Protokollen wie die von *E. coli* (siehe Abschnitte 2.2.1.1 - 2.2.1.2).

2.2.1.4 Herstellung und Transformation von kompetenten Hefen

Die Kompetenz von Hefezellen nimmt bei längerer Lagerung schnell ab. Daher wurden die Hefen unmittelbar vor jeder Transformation kompetent gemacht. Dazu wurde ein frischer Ausstrich des L40ccua Stammes in 30 ml YPD Medium über Nacht bei 30°C und 160 U/min kultiviert. Am nächsten Tag wurde so viel Vorkultur in 30°C vorgewärmtes YPD Medium gegeben, dass die Start-OD_{600} bei 0,3 und das Endvolumen bei 100 ml lag. Die Kultur wurde bei 30°C bis zu einer OD_{600} von 0,7 – 0,9 inkubiert, 5 min bei RT und 2.000 U/min pelletiert und zweimal mit jeweils 10 ml Mix1 (0,1 M LiAc; 1 M Sorbitol; 0,5 M TE) gewaschen. Die Zellen wurden dann in 1 ml Mix1 resuspendiert und 10 min bei RT inkubiert. In der Zwischenzeit wurde 1 µg Vektor-DNA und 10 µl Heringssperma-DNA (10 mg/ml, Sigma, Deisenhofen, zuvor für 15 min bei 95°C denaturiert und anschließend auf Eis gelagert), in ein 2 ml Reaktionsgefäß pipettiert und mit 230 µl Mix2 (1 M LiAc; 40% PEG 3.350; 1 M TE) vermischt. Nach 10-minütiger Inkubation bei RT wurden pro Transformation je 100 µl der Hefesuspension in die Reaktionsgefäße pipettiert und vorsichtig vermischt. Dieses Gemisch inkubierte für 30 min bei 30°C, wurde mit 30 µl DMSO versetzt und für 15 min bei 42°C Hitze geschockt. Zum Abschluss wurden die Transformationen für 1 min bei 4.000 U/min abzentrifugiert, das Pellet in 300 µl ddH_2O resuspendiert und auf SD-Selektionsmedium ausplattiert (Elble, 1992).

2.2.2 Transformation von *Arabidopsis thaliana*

Arabidopsis-Transformationen wurden nach der *floral dip* Methode (Clough und Bent, 1998) durchgeführt. Agrobakterien wurden zwei Tage lang bei 28°C und 150 U/min kultiviert, für 10 min bei 4.000 U/min pelletiert und in frisch hergestelltem Infiltrationsmedium (2,15 g/l MS-Salze; 50 g/l Saccharose; 10 µl BAP einer 1 mg/ml Stammlösung; 0,015% Silvet) resuspendiert. Dabei wurden je 300 ml Infiltrationsmedium pro Pellet einer 200 ml Agrobakteriumkultur verwendet. Die vier bis fünf Wochen alten

Arabidopsis-Pflanzen wurden, mit den Blüten voran, für 45 Sek in die Agrobakterien-Lösung getaucht und anschließend abgedeckt über Nacht bei 21°C regeneriert, bevor sie zurück ins Gewächshaus gebracht wurden.

2.2.3 Polymerasekettenreaktion

Die Polymerasekettenreaktion (PCR) (Mullis und Faloona, 1987) ist eine Methode, welche die *in vitro* Amplifizierung von DNA ermöglicht. Unter anderem wurde sie in dieser Arbeit zur Klonierung von Genen bzw. Genfragmenten sowie zur Identifikation positiver *E. coli*-Klone verwendet. Bis auf wenige Ausnahmen wurde dabei folgender PCR-Ansatz verwendet.

x	µl	*Template* DNA (1-100 ng)
2	µl	10-fach *Pfu* Puffer
0,8	µl	dNTPs (5 mM von jedem Nukleotid)
1	µl	Primer 1 (5 µM)
1	µl	Primer 2 (5 µM)
0,2	µl	*Pfu*-Polymerase

mit ddH$_2$O auf 20 µl auffüllen

Die PCR-Reaktionen wurden mit unterschiedlichen Hybridisierungstemperaturen und Elongationszeiten nach folgendem Programm durchgeführt.

1.	Denaturierung	3 min	95°C	
2.	Denaturierung	45 Sek	94°C	
3.	Hybridisierung	45 Sek	T$_m$ Primer minus 3–5°C	25–30 Zyklen
4.	Elongation	2 min/kb	68°C	
5.	Elongation	4 min/kb	68°C	
6.	Pause	∞	16°C	

2.2.4 Ligation

Die Ligation wurde in dieser Arbeit zur Klonierung verwendet (Sambrook, 2001). Dafür wurde je eine Einheit der T4-DNA-Ligase (Fermentas, St.

Leon-Rot) pro Ligationsansatz eingesetzt. Die Vektorkonzentration betrug 50 ng, die des *Inserts* berechnete sich aus folgender Formel.

$$x = \frac{3 \times Vektor_{ng} \times Insert_{bp}}{Vektor_{bp}}$$

x	µl	Vektor-DNA (50ng)
x	µl	*Insert*-DNA
2	µl	10-fach T4-DNA-Ligase Puffer
1	µl	T4-DNA-Ligase
		mit ddH$_2$O auf 20 µl auffüllen

Die Reaktion wurde bei 16°C über Nacht inkubiert und am nächsten Tag für 10 min bei 65°C abgestoppt.

2.2.5 Standard-Klonierungsmethoden

Standard-Klonierungsmethoden, wie das Zerschneiden von DNA mit Endonukleasen und die Dephosphorylierung von DNA-Überhängen, wurden nach Sambrook (2001) durchgeführt. Alternativ zur klassischen Klonierung wurde die Gateway™ Klonierung verwendet (siehe Abschnitt 2.2.6).

2.2.6 Gateway™ Klonierung

Die Klonierung mittels Gateway™ basiert auf den gerichteten homologen Rekombinationseigenschaften des Bakteriophagen λ (Landy, 1989) und eignet sich besonders gut zum Klonieren von DNA in multiple Zielvektoren. Die Klonierung wurde nach dem Protokoll des Herstellers (Invitrogen, Karlsruhe), Version E, mit leichten Modifikationen durchgeführt. Anstatt der angegebenen 4 µl LR- bzw. BP-Clonase™ wurden nur 0,5 µl eingesetzt. Aufgrund der reduzierten Menge an Clonase™ wurden sowohl BP- als auch LR-Reaktionen über Nacht bei 25°C inkubiert und durch Zugabe von 1 µl Proteinase K abgestoppt.

2.2.7 Plasmidpräparation aus Hefe

Um Plasmide aus Hefen zu isolieren, wurde ein hauseigenes Protokoll verwendet. Dazu wurden jeweils 4 ml Hefekultur (aus SD -Leu Selektionsmedium) bei 13.200 U/min für 1 min abzentrifugiert. Das Pellet wurde in 200 µl Puffer A (100 mM NaCl; 10 mM Tris, pH 8,0; 1 mM EDTA; 2% Triton X-100; 1% SDS) resuspendiert und auf Eis dreimal bei 30 Zyklen und 75% Leistung für 10 Sek sonifiziert (Sonopuls HD 2070; BANDELIN electronic GmbH, Berlin). Anschließend wurde die Hefesuspension mit 0,3 g säuregewaschenen Glaskügelchen (425-600 µm, Sigma, Deisenhofen) versetzt und für 3 min bei 30 Hz in der Schwingmühle (MM300, Retsch, Haan) zerkleinert. Danach wurde durch Zugabe von 200 µl eines Phenol-Chloroform-Isoamylalkohol Gemisches (25:24:1), 2-minütigem Vortexen und Zentrifugation für 5 min bei 13.200 U/min die DNA isoliert. Vom Überstand wurden 200 µl in ein neues 1,5 ml Reaktionsgefäß pipettiert, mit 200 µl Isopropanol und 500 µl 3 M Na-Acetat versetzt und mehrfach invertiert. Die DNA wurde für 30 min bei 13.200 U/min bei 4°C gefällt, zweimal mit 150 µl 70% Ethanol gewaschen und abschließend in 10 µl ddH2O resuspendiert.

2.2.8 Extraktion von genomischer DNA aus *Arabidopsis thaliana*

Für die Extraktion von genomischer DNA aus Arabidopsis thaliana wurden zunächst Rosettenblätter von ca. 0,5 – 1 mm Durchmesser zusammen mit zwei Stahlkügelchen (1 mm) in einem 2 ml Reaktionsgefäß in flüssigen Stickstoff eingefroren. Die Proben konnten bis zur weiteren Verwendung bei – 80°C für mehrere Monate gelagert werden. Zur Extraktion der DNA wurden die Blätter nach Zugabe von 400 µl Extraktionspuffer (200 mM Tris-HCl, pH 7,5; 250 mM NaCl; 25 mM EDTA; 0,5% SDS) für 3 min bei 30 Hz in einer Schwingmühle (MM300, Retsch, Haan) zerkleinert und anschließend für 10 min bei 4°C und 13.200 U/min abzentrifugiert. Die lösliche Fraktion wurde in ein neues 1,5 ml Reaktionsgefäß überführt und mit dem gleichen Volumen eines Phenol-Chloroform-Isoamylalkohol (25:24:1) Gemisches versetzt und gevortext. Durch Zentrifugation für 3 min bei 13.200 U/min entstand eine mehrphasige Lösung, wobei ausschließlich die obere Phase weiter bearbeitet wurde. Nach Zugabe von 0,1 Volumen 3 M Na-Acetat und 2,5 Volumen 96%-igem Ethanol wurde die DNA für 30 min bei 4°C und 13.200 U/min gefällt, zweimal mit 70%-igem Ethanol gewaschen und in 100 µl ddH2O resuspendiert (Pruitt und Meyerowitz, 1986).

2.2.9 Extraktion von RNA aus *Arabidopsis thaliana*

Insgesamt wurde für die RNA-Extraktion etwa 100 – 200 mg an Pflanzenmaterial eingesetzt und wie in Abschnitt 2.2.7 beschrieben zerkleinert. Anschließend wurden die Proben mit 1 ml TRIzol (38% Phenol v/v; 20% 4 M Guanidiniumthiocyanat v/v; 10% 4 M Ammoniumthiocyanat v/v; 6,7% Glycerol v/v; 3,3% 3 M Na-Acetat v/v) versetzt und unter ständigem Vortexen aufgetaut. Nach 5-minütiger Inkubation bei RT und Abzentrifugation bei 13.200 U/min für 5 min bei 4°C wurde der Überstand in ein neues 2 ml Reaktionsgefäß überführt. Zu der Lösung wurden 400 µl Chloroform-Isoamylalkohol (24:1) gegeben und gevortext, bis die Lösung homogen war. Dem schlossen sich eine 5-minütige Inkubation bei RT und ein Zentrifugationsschritt bei 4°C für 15 min bei 13.200 U/min an. Die oberste Phase wurde in ein neues 1,5 ml Reaktionsgefäß überführt und mit jeweils 350 µl Isopropanol und Hochsalzlösung (1,2 M Natriumchlorid; 0,8 M Natriumcitrat) durch mehrfaches Invertieren gemischt, bis die Mixtur wieder durchsichtig war. Nach 10 min bei RT wurde die RNA für 10 min bei 10.000 U/min und 4°C gefällt, zweimal mit 75%-igem Ethanol gewaschen und in 40 µl RNase-freiem Wasser gelöst (modifiziert nach (Chomczynski und Sacchi, 1987).

2.2.10 Quantitative *real-time* PCR

Die quantitative *real-time* PCR (qRT-PCR) ist eine sehr sensitive Methode zur Bestimmung von Transkriptmengen. Aus diesem Grund wurde die hierfür verwendete RNA mit Hilfe des Qiagen RNeasy Kits (Qiagen, Hilden) aufgereinigt und von genomischen DNA-Verunreinigungen befreit. 500 ng – 5 µg der aufgereinigten RNA wurden anschließend für die cDNA Synthese mit der SuperScript III Reversen Transkriptase nach dem Protokoll des Herstellers (Invitrogen, Karlsruhe) eingesetzt. Als einzige Modifikation des Protokolls ist zu erwähnen, dass kein RNase-Inhibitor eingesetzt wurde.

Für die qRT-PCR wurde folgender Mastermix pro 96-*well* Platte angesetzt:

320	µl	10-fach Reaktionspuffer
128	µl	50 mM $MgCl_2$
64	µl	dNTPs (5 mM von jedem Nukleotid)
32	µl	SYBR™ *green* (Sigma, München)
844,8	µl	ddH_2O
6,4	µl	25 µM Rox (Sigma, München)
6,4	µl	5 Einheiten/µl Immolase (Bioline, Luckenwalde)

Von diesem Mastermix wurden pro Primerpaar 170 µl (ausreichend für 12-*wells*) mit je 0,48 µl der beiden *forward* und *reverse* Primer (je 100 µM) gemischt. 10 µl von diesem Mastermix wurden in die 96-*well* Platte vorgelegt und mit 10 µl einer 1:50 Verdünnung der cDNA vermischt. Die qRT-PCR wurde danach mit folgendem Standard-Programm auf dem 7500 Fast Real-Time PCR System (Applied Biosystems, Foster City, USA) durchgeführt:

1. Denaturierung   15 min   95°C
2. Denaturierung   10 Sek   94°C
3. Hybridisierung 15 Sek   55°C   } 45 Zyklen
4. Elongation   10 Sek   72°C
6. Pause   ∞   16°C

Zusätzlich zu den untersuchten Genen wurden jeweils zwei Kontrollen mitgeführt, eine Negativkontrolle ohne cDNA und eine Positivkontrolle mit *Ubiquitin 10* (At3g25800) als Referenzgen. Die Analyse der qRT-PCRs erfolgte mit Hilfe der von Applied Biosystems mitgelieferten Software Version 2.3 (Applied Biosystems, Foster City, USA).

2.3 Proteinbiochemische Methoden

2.3.1 Proteinexpression

2.3.1.1 Rekombinante Proteinexpression in *E. coli*

Zur Expression von Proteinen in E. coli wurden die entsprechenden Vektoren in den Expressionsstamm BL21(DE)pLysS (siehe Tabelle 5) transformiert. Vor jeder Proteinexpression wurde ein entsprechender Klon auf LB-Selektionsmedium frisch ausgestrichen. Auch die Selektion auf das Helferplasmid mit Chloramphenicol erfolgte in diesem Stamm. Anschließend wurde eine Vorkultur in 5 ml LB-Selektionsmedium angeimpft und über Nacht bei 37°C und 140 U/min kultiviert. Von der Vorkultur wurde eine Hauptkultur mit vorgewärmten LB-Selektionsmedium mit einer 1:100 Verdünnung angeimpft und für 3 h bei 37°C und 140 U/min inkubiert. Die Expression des gewünschten Proteins wurde mit 1 mM IPTG (Peqlab, Erlangen) induziert, die Kultur dann für 5-6 h bei 21°C inkubiert, anschließend für 15 min bei 4°C und 4.000 U/min abzentrifugiert und bis zur weiteren Verwendung für ein bis zwei Tage bei -20°C gelagert (Sambrook, 2001).

2.3.1.2 Zellfreie Proteinexpression mit *E. coli* S30-Extrakt

Die zellfreie Proteinexpression stellt eine Alternative zur Expression in *E. coli* dar. Der Vorteil dieses Systems liegt in der Benutzung eines bakteriellen S30-Extraktes, der sämtliche Komponenten der bakteriellen Transkriptions- und Translationsmachenerie enthält (Schwarz *et al.*, 2007). Durch den kontinuierlichen Austausch, über eine semipermeable Membran, zischen Reaktionskammer und einer Kammer für die Nährstoffzufuhr können sehr hohe Proteinausbeuten erzielt werden. Somit ist es möglich auch für *E. coli* toxische Proteine in großen Mengen zu exprimieren.

Für die Expression in diesem System wurden die cDNAs der zu exprimierenden Proteine in den pIVEX2.3MCS-Vektor kloniert. Die Reaktionsansätze im analytischen Maßstab (70 µl) wurden wie bei Schwarz *et al.* (2007) zusammenpipettiert und für 16-18 h in einem schütteldem Wasserbad bei 30°C inkubiert. Zur Kontrolle der Proteinexpression wurde je 1 µl des Reaktionsansatzes vor der Inkubation entnommen, bei 4°C gelagert, und am nächsten Tag zusammen mit 1 µl der Expression auf einem 10%-igem SDS-Gel analysiert (siehe Abschnitt 2.3.3).

2.3.1.3 Transiente Proteinexpression in *Nicotiana benthamiana*

Um mögliche eukaryotische Proteinmodifikation zu berücksichtigen, wurden Proteine transient in Blättern von vier bis fünf Wochen alten Tabakpflanzen (*Nicotiana benthamiana*) exprimiert (modifiziert nach Witte *et al.*, 2004). Dafür wurden die Expressionsplasmide, wie in Abschnitt 2.2.1.3 beschrieben, in *Agrobacterium tumefaciens* transformiert. Mit Hilfe von Agrobakterien können DNA-Abschnitte in das Genom der Pflanze integriert werden. Die Agrobakterien mit den entsprechenden Konstrukten wurden dafür auf LB-Selektionsmedium ausgestrichen und für zwei bis drei Tage bei 28°C inkubiert. Eine Einzelkolonie wurde in 10 ml LB-Selektionsmedium angeimpft und für zwei Tage bei 28°C und 140 U/min kultiviert. Um eine posttranskriptionelle Unterdrückung der Genexpression zu verhindern, wurden ebenfalls Agrobakterien angeimpft, die für eine Expression des p19 Proteins sorgen sollten (Voinnet *et al.*, 2003). Nach zwei Tagen Inkubation wurden je 2 ml Kultur bei 6.000 U/min für 1 min pelletiert, in 1 ml frisch hergestelltem Infiltrationspuffer (10 mM MES-NaOH, pH 5,7; 10 mM $MgCl_2$; 150 µM Acetosyringon) gewaschen und erneut in 1 ml Infiltrationspuffer resuspendiert. Die OD_{600} wurde auf 0,1 eingestellt, in gleichem Verhältnis mit der p19 Kultur vermischt und für 2 h bei RT inkubiert. Die Zellsuspension wurde an der Blattunterseite des vierten bis sechsten Blattes durch Anritzen der Epidermis und mit Hilfe einer 5 ml Spitze langsam infiltriert. Nach drei bis fünf Tagen wurden die Blätter (Blattscheiden) geerntet. Sofern keine sofortige Weiterverarbeitung erfolgte, wurden die Proben in flüssigem Stickstoff schockgefroren und bis zur weiteren Verwendung bei -80°C gelagert.

2.3.2 Proteinaufreinigung

Durch das Fusionieren von sogenannten *tags* können Proteine spezifisch aufgereinigt werden. Bei diesen *tags* handelt es sich meist um kurze Peptide bekannter Sequenz. Allerdings gibt es auch *tags*, die aus ganzen Proteinen bestehen. Ein Beispiel dafür ist die Glutathion-S-Transferase (GST), die über die spezifische Bindung an Glutathion aufgereinigt werden kann.

2.3.2.1 Aufreinigung GST-ge*tag*ter Proteine

Die nach der Expression der Proteine in *E. coli* entstandenen Pellets (siehe 2.3.1.1) wurden in 1 ml GST-Lysispuffer (50 mM Tris, pH 8,0; 250 mM KCl; 1 mM EDTA; 0,2% Triton-X-100; 1 mM DTT; 1 mM PMSF) pro 10 ml Hauptkultur resuspendiert und dreimal für 10 Sek und 40 Zyklen bei 75% Leistung mit dem Sonopuls HD 2070 (BANDELIN electronic GmbH, Berlin) sonifiziert. Danach wurde die Suspension für 20 min bei 4°C inkubiert und anschließend 15 min bei 4°C und 13.200 U/min abzentrifugiert. Je ein Milliliter des Überstandes wurde mit 50 µl Glutathion-Agarose-Kügelchen (30 mg/ml H_2O; Sigma, München) für 1 h unter ständigen Schwenken bei 4°C inkubiert. Die Kügelchen wurden bei 4°C und 4.000 U/min für 1 min abzentrifugiert und viermal mit jeweils 1 ml GST-Lysepuffer gewaschen. Zur Elution der Proteine wurden 50 µl reduziertes Glutathion (10 mM Tris, pH 9,0) auf die Kügelchen gegeben und für 10 Minuten bei RT unter ständigem Schwenken inkubiert. Das Gemisch wurde bei 4.000 U/min und 4°C für 1 min abzentrifugiert und der

Überstand in ein neues 1,5 ml Reaktionsgefäß überführt. Die Qualität und Quantität der Proteinaufreinigung wurde mittels SDS-PAGE überprüft (siehe Abschnitt 2.3.3).

2.3.2.2 Aufreinigung Strep-ge*tag*ter Proteine

Für die Aufreinigung Strep-ge*tag*ter Proteine wurden 750 mg Tabakblattmaterial mit 1,5 ml Extraktionspuffer (100 mM HEPES; 100 mM NaCl; 15 mM DTT; 5 mM EDTA; 100 µg/ml Avidin; 0,5% v/v Triton-X-100) gemörsert und für 20 min bei 4°C und 13.200 U/min abzentrifugiert. Der Überstand wurde für 10 min mit 40 µl Strep-Tactin™ Macroprep™ (IBA GmbH, Göttingen) bei RT und ständiger Rotation inkubiert. Die Strep-*tag*-Kügelchen wurden bei 3.000 U/min und 4°C für 30 Sek abzentrifugiert und fünfmal mit 500 µl Waschpuffer (100 mM HEPES; 100 mM NaCl; 2 mM DTT; 0,5 mM EDTA; 0,005% v/v Triton-X-100) gewaschen. Zum Abschluss wurden die Kügelchen zweimal mit je 75 µl Elutionspuffer (100 mM HEPES; 100 mM NaCl; 2 mM DTT; 0,5 mM EDTA; 0,005% v/v Triton-X-100; 5 mM Biotin) für 5 min bei RT unter ständiger Rotation inkubiert, bei 3.000 U/min abzentrifugiert und die Überstände in einem neuen 1,5 ml Reaktionsgefäß vereint. Die Qualität und Quantität der Proteinaufreinigung wurde mittels SDS-PAGE überprüft (siehe Abschnitt 2.3.3) (Witte *et al.*, 2004).

2.3.3 SDS-Polyacrylamidgelelektrophorese (SDS-PAGE)

Die Auftrennung von Proteingemischen erfolgte mittels denaturierender SDS-PAGE (Laemmli, 1970). Für die Auftrennung der Proteine wurden standardmäßig 10%-ige SDS-Gele eingesetzt. Diese wurden nach folgendem Schema präpariert:

Tabelle 10: Zusammensetzung eines 10%-igen SDS-Trenngels mit einem Endvolumen von 10 ml

Substanz	Volumen [ml]
H_2O	4,8
40% Acryl-BisAcrylamid	2,5
1,5 M Tris pH 8,8	2,5
10% SDS	0,1
10% Ammniumpersulfat (APS)	0,1
N,N,N',N'-Tetramethylethylendiamin (TEMED)	0,004

Das Trenngel wurde mit 1 ml Isopropanol überschichtet, um eine möglichst ebene Abschlusskante zu erhalten. Nach dem Auspolymerisieren konnte das Sammelgel über das Trenngel gegossen werden.

Tabelle 11: Zusammensetzung eines 10%-igen SDS-Sammelgels mit einem Endvolumen von 5 ml

Substanz	Volumen [ml]
H_2O	3,6
40% Acryl-BisAcrylamid	0,625
1,5 M Tris pH 6,8	0,630
10% SDS	0,050
10% Ammniumpersulfat (APS)	0,050
N,N,N',N'-Tetramethylethylendiamin (TEMED)	0,005

Die zu analysierenden Proteinproben wurden mit 5-fach SDS-Probenpuffer (0,225 M Tris-HCl, pH 6,8; 50% Glycerol; 10% SDS; 0,05% Bromphenolblau; 0,25 M DTT) versetzt und für 5 min bei 95°C erhitzt. Anschließend wurden die Proben in die Taschen des SDS-Sammelgeles pipettiert. Die elektrophoretische Auftrennung (~25 mA pro Gel) der Proteine erfolgte in einfach konzentriertem Laufpuffer (0,025 M Tris; 0,192%

Glycin; 0,1% SDS). Nachdem die Elektrophorese abgeschlossen war und sofern kein Western Blot im Anschluss folgte, wurden die aufgetrennten Proteinbanden durch eine Behandlung mit Coomassie-Färbelösung (0,1% Coomassie R250; 40% Methanol; 10% Essigsäure) und Entfärbelösung (40% Methanol; 7% Essigsäure) sichtbar gemacht (Schrimpf, 2002).

2.3.4 Western Blot und Immunodetektion

Für einen Western Blot wurden die zuvor aufgetrennten Proteine (siehe Abschnitt 2.3.3) in einem Tankblotverfahren über Nacht bei 4°C auf eine PVDF-Membran (Millipore, Schwalbach) geblottet (Gultekin und Heermann, 1988). Der Transfer wurde dabei in Towbin-Puffer (0,25 M Tris; 1,92 M Glycin) bei einer konstanten Spannung von 40 mA durchgeführt (Towbin et al., 1979).

Bei der anschließenden Immunodetektion wurden sämtliche Schritte mit T-PBS Puffer (1 x PBS; 0,1% Tween) bei RT durchgeführt. Als Erstes wurde die PVDF-Membran für 1 h in 6% Magermilchpulver (Fluka, Buchs, Schweiz) inkubiert. Anschließend wurde die Milch dekantiert und der primäre Antiköper (1:1.000 in T-PBS verdünnt) hinzugegeben. Nach einer ein- bis dreistündigen Inkubation wurde die Membran zweimal mit jeweils 10 ml Puffer für 5 min gewaschen, bevor sie mit dem sekundären Antikörper (1:2.000 in T-PBS verdünnt) für 1-2 h inkubiert wurde. Vor der Detektion wurde die Membran viermal mit je 10 ml Puffer für 10 min gewaschen. Die Detektion erfolgte mit dem *Enhanced Chemoluminescent* (ECL) Reagenz (Pierce scientific, Schwerte) nach den Angaben der Herstellers.

2.3.5 Ko-Immunopräzipitation (Ko-IP)

Bei der Ko-Immunopräzipitation können über die Aufreinigung eines ge*tag*ten Proteins auch seine potentiellen Interaktionspartner mit aufgereinigt werden. Dafür wurde in dieser Arbeit GFP-ge*tag*tes Protein wie in Abschnitt 2.3.1.2 beschrieben exprimiert. Zu 1 ml des Tabakpflanzenextraktes wurden 15 µl Kügelchen mit gekoppeltem GFP-Antikörper (Chromotek, Planegg-Martinsried) gegeben und für 2 h unter ständigem Schwenken bei 4°C inkubiert. Nach einem Waschschritt von 10 min mit 1 ml Ko-IP-Puffer (50 mM Tris; 150 mM NaCl; 0,3% Triton X-100) wurde 1 ml Arabidopsis-Pflanzenextrakt auf die Kügelchen gegeben und für weitere 2 h bei 4°C inkubiert. Im Anschluss wurden die Kügelchen viermal mit je 1 ml Ko-IP Puffer gewaschen und in insgesamt 100 µl 1-fach SDS-Ladepuffer eluiert. Die Proben wurden für 10 min bei 95°C erhitzt und auf einem 10%-igem SDS-Gel analysiert (siehe 2.3.3)

2.3.6 Gelretardationsassay (GRA)

Die Methode der Gelretardation wird bereits seit vielen Jahrzehnten zur Detektion von Protein-DNA-Interaktionen verwendet. 100 ng des zu untersuchenden DNA-Fragmentes wurden mit 50 µCi [α-^{32}P]-γATP mit Hilfe der T4 Polynukleotidkinase nach Angaben des Herstellers radioaktiv markiert. Die DNA wurde mit dem *QiaQuick PCR Purification* Kit (Qiagen, Hilden) aufgereinigt, in 50 µl Elutionspuffer eluiert und bis zur weiteren Verwendung bis zu zwei Wochen bei 4°C gelagert.

Für den GRA wurden 10-20 ng aufgereinigtes GST-ge*tag*tes Protein (siehe 2.3.1.1 und 2.3.2.1) nach folgenden Ansatz mit der radioaktiven DNA für 30 min bei 37°C inkubiert.

1	µl	Protein
1	µl	poly(dIdC)
1	µl	Orange-G-Ladepuffer
1	µl	radioaktiv markierte DNA
16	µl	GRA-Puffer (20 mM HEPES; 200 mM KCl; 2 mM MgCl2; 0,5 mM EDTA;1 mM DTT; 0,2% (v/v) Nonidet P-40; 10% (v/v) Glycerin)

Die Proben wurden bei einer konstanten Spannung von 40 V auf das native Polyacrylamidgel (13,25% Acrylamid:Bisacrylamid 19:1; 20% 0,25 x TBE; 7% Glycerin; 0,0675% TEMED; 0,34% APS) aufgetragen und für 3-4 h bei 180 V aufgetrennt. Anschließend wurde das Gel auf zwei Whatman-Papieren bei 75°C für 1 h unter Vakuum getrocknet und zwischen Frischhaltefolie in einer Phospho-Imager-Kassette inkubiert. Die Visualisierung der radioaktiven Banden erfolgte nach 1-24 h Inkubation an einem Phospho-Imager (GE Healthcare, Freiburg) unter Verwendung der ImageQuant™ Software, Version 5.2 (Molecular Dynamics, Krefeld).

2.4 Arbeiten mit Hefe

Sämtliche Hefearbeiten wurden mit dem Stamm L40ccua (siehe Tabelle 7) durchgeführt. Die Hefen wurden standardmäßig bei 30°C inkubiert und wie im Abschnitt 2.2.1.4 beschrieben transformiert. Die Auxotrophiemarker für die jeweiligen Experimente sind in Tabelle 4 aufgelistet.

2.4.1 *Yeast one-hybrid*

Mit dem *yeast one-hybrid*-System kann die Bindung von Proteinen an DNA-Sequenzen untersucht werden (MATCHMAKER *one-hybrid,* Clontech™). Da für Hefesysteme bereits mehrere cDNA-Bibliotheken im Institut für Angewandte Genetik vorhanden waren, konnte in kurzer Zeit eine große Anzahl von DNA-Bindeproteinen für eine spezifische DNA-Sequenz identifiziert werden. Ein Nachteil dieses Systems ist allerdings, dass die zu untersuchende DNA-Sequenz zuvor in das Genom der Hefe integriert werden muss. Die Integration durch homologe Rekombination in das Genom geschieht mit einer sehr geringen Effizienz (etwa 100-mal schlechter als Standard-Hefetransformationen). Die Selektion auf positive Klone erfolgte durch den auf dem Plasmid kodierten Auxotrophiemarker.

In dieser Arbeit wurde der Promotor des Typ-A *Response* Regulator (ARR) *ARR6* mit einer Länge von 220 bp - aufwärts vom potentiellen Translationsstart - verwendet. Weiterhin wurde dasselbe Fragment mit Mutationen in den DNA-Bindemotiven für die Typ-B ARR verwendet; eine Bindung der Typ-B ARR an das Promotorfragment sollte daher nicht mehr möglich sein (Sakai et al., 2001; Ramireddy, 2009). Beide Fragmente wurden, nach erfolgreicher Klonierung in den Vektor pHISi-1, in das Genom des L40ccua Hefestammes integriert (Tabelle 8-Tabelle 9).

Zur Identifizierung von DNA-bindenden Proteinen, die an eines oder beide Fragmente binden können wurde ein *yeast one-hybrid screen* durchgeführt. Dazu wurde eine cDNA-Bibliothek aus Wurzelkalluskultur (Csaba Koncz, MPI Köln, unpubliziert) in die Hefestämme mit den integrierten DNA-Fragmenten transformiert und anschließend für sieben Tage bei 30°C auf Interaktionsmedium (SD -Leu, -His) selektiert. Positive Klone wurden zur weiteren Selektion auf das cDNA enthaltende Plasmid für drei Tage in SD -Leu Flüssigmedium inkubiert. Abschließend konnte die Plasmid-DNA wie in Abschnitt 2.2.7 beschrieben isoliert und sequenziert werden.

2.4.2 Yeast two-hybrid

Das *yeast two-hybrid*-System wird verwendet um Protein-Protein-Interaktionen nachzuweisen. Dieses System beruht auf der Trennung der Aktivierungs- und DNA-Bindedomäne des GAL4 Transkriptionsfaktors (Stephens und Banting, 2000). Beide Fragmente werden an je eines der zu untersuchenden Proteine fusioniert und zusammen in die Hefe transformiert. Falls die zu untersuchenden Proteine interagieren, wird der GAL4 Transkriptionsfaktor funktionell rekonstituiert, kann an Promotoren von Reportergenen im Hefegenom binden und deren Expression aktivieren. Die Selektion erfolgt dabei auf SDIV-Medium (SD-Medium ohne Auxotrophiemarker; Tabelle 4).

Für die in dieser Arbeit untersuchten Proteininteraktionen wurden die entsprechenden Gene in die *bait*- bzw. *prey*-Vektoren (Tabelle 9) kloniert, anschließend sequenziell in die Hefen transformiert und für sieben

Tage auf SDIV-Medium selektioniert. Positive Klone wurden wie in Abschnitt 2.4.1 beschrieben weiter behandelt.

2.5 Arbeiten mit Pflanzen

2.5.1 Isolation und Transformation von Mesophyllprotoplasten von *Arabidopsis thaliana*

Für die Isolation und Transformation von Arabidopsis Mesophyllprotoplasten wurden die Pflanzen unter Schwachlichtbedingungen (75-100 µ-Einstein) für fünf bis sechs Wochen in einer Percival AR-66L Kammer (CLF Plant Climatics, Wertlingen) bei konstanter Temperatur (22°C) und Luftfeuchtigkeit (65%) herangezogen. Von diesen Pflanzen wurden jeweils die Blätter 6-8 mit einem Skalpell auf der Blattunterseite in 1 mm-Abständen mehrfach angeritzt und über Nacht in einer Enzymlösung (0,4 M Mannitol; 20 mM KCl; 20 mM MES; 10 mM $CaCl_2$; 1,25% Cellulase R-10; 0,3% Macerozyme R-10; pH 5,7; 650 mOs) bei 21°C inkubiert. Am nächsten Morgen wurden die Protoplasten über ein 60 µM Sieb von pflanzlichen Zellbestandteilen getrennt, mit 10 ml W5-Lösung (154 mM NaCl; 125 mM $CaCl_2$; 5 mM KCl; 2 mM MES; pH 5,7; 650 mOs) gewaschen und zum Abschluss in 10 ml W5 Lösung vorsichtig resuspendiert (modifiziert nach Hwang und Sheen, 2001).

2.5.2 Prototoplast *trans*-Aktivierungsassay (PTA)

Mit dem Protoplast *trans*-Aktivierungsassay (PTA) kann untersucht werden, ob ein Protein einen regulatorische Einfluss auf die Expression eines anderen Gens hat. Dabei wird die Antwort eines Promotor::GUS Konstrukt analysiert.

Die Protoplasten wurden nach einer fünfstündigen Inkubation auf Eis bei 100 x g und einer Beschleunigungs- und Bremsstufe von drei bzw. eins in einer Haereus Multifuge 3SR+ Zentrifuge (Thermo Scientific, Langenselbold) abzentrifugiert und in 3 ml MMg-Lösung (0,4 M Mannitol; 15 mM $MgCl_2$; 4 mM MES; pH 5,7; 650 mOs) resuspendiert. Pro Transformation wurden je 40 µg Plasmidgemisch nach folgendem Ansatz zusammengemischt:

9	µg	Reporterplasmid
28	µg	Effektorplasmid (bei mehreren Effektoren wird die Menge an eingesetzter DNA gleichmäßig aufgeteilt)
3	µg	pROK219_NAN
x	µl	ddH$_2$O auf 20 µl auffüllen

Zu der DNA wurden je 200 µl der Protoplastensuspension gegeben und vorsichtig mehrfach invertiert. Nach Zugabe von 220 µl PEG-Lösung (4 g PEG 4.000; 2,8 ml 0,8 M Mannitol; 1 ml 1 M CaCl$_2$; 3 ml ddH$_2$O) wurde das DNA-Protoplastengemisch so lange invertiert bis eine homogene Lösung entstand. Anschließend inkubierten die Protoplasten für 30 min bei RT, bevor sie durch Zugabe von 800 µl W5-Lösung gewaschen wurden. Der Überstand wurde komplett entfernt und die Protoplasten in 1 ml WI-Lösung (0,5 M Mannitol; 4 mM MES; 20 mM KCl; pH 5,7; 650 mOs) resuspendiert, über Nacht bei 21°C inkubiert, die Protoplasten pelletiert, der Überstand komplett entnommen und das Pellet in flüssigem Stickstoff eingefroren. Die Protoplasten konnten an diesem Punkt bis zur weiteren Analyse für mehrere Monate bei -80 °C gelagert werden.

Zur Auswertung wurden die Protoplasten aufgetaut und in 150 µl GUS-Extraktionspuffer (GEB; 50 mM Na-Phosphat; 10 mM EDTA; 0,1% Triton X-100; 0,1% N-Laurylsarkosyl; 0,05% β-Mercaptoethanol) pH 7,2 resuspendiert. Ein Teil (100 µl) dieser Suspension wurde mit 100 µl GEB pH 7,5 plus 4 mM MUG Trihydrate (Duchefa, Haarlem, Niederlande) vermischt, während weitere 10 µl der Suspension mit 10 µl GEB pH 7,0 plus 1 mM 2'-(4-Methylumbelliferyl)-alpha-D-N acetylneuraminic acid (MUN, Biosynth, Staad, Schweiz) vermischt wurden. Beide Gemische wurden für 10 min bei 37°C inkubiert und anschließend 100 µl des MUG Gemisches in 100 µl 200 mM Na$_2$CO$_3$ und 3,33 µl des MUN Gemisches in 200 µl 330 mM

Na_2CO_3 pipettiert, wodurch die enzymatischen Reaktionen abgestoppt wurden. Der Rest der Protoplastensuspensionen inkubierte für weitere 60 min bei 37°C, bevor erneut Proben genommen wurden. Die Auswertung der PTAs erfolgte an einem Plattenlesegerät (Synergy 2, Biotek, Bad Friedrichshall) durch Errechnung der GUS/NAN Einheiten bei einer Anregung/Emission von 360/460 nm (modifiziert nach Ehlert *et al.*, 2006).

2.5.3 Wurzelassay

In Wurzelassays wird die Elongation der Primärwurzel von Arabidopsiskeimlingen mit und ohne Zugabe von Cytokinin untersucht (Riefler *et al.*, 2006). Des Weiteren kann ermittelt werden, ob sich die Anzahl der Lateralwurzel in Abhängigkeit von der Konzentration an Cytokinin im Medium ändert.

Für diesen Assay wurden Arabidopsis-Samen für 7 min bei 21°C und 1.400 U/min in 1%-iger Na-Hypochloridlösung mit 0,1% Triton X-100 sterilisiert, viermal mit 1 ml ddH_2O gewaschen, in 1 ml 0,1% Agarose aufgenommen und auf MS-Medium ausgelegt. Die Platten mit den Samen wurden für drei Tage bei 4°C stratifiziert und anschließend hochkant bei Langtagbedingungen inkubiert. Nach vier Tagen wurde die Länge der Primärwurzeln auf der Platte markiert und die Pflanzen für weitere fünf Tage bei Langtagbedingungen wachsen gelassen. Am Ende der Inkubationszeit wurde das Wurzelwachstum fotografisch festgehalten und die Anzahl der Lateralwurzeln ermittelt. Die Auswertung der Wurzelelongation erfolgte mit Hilfe des Programms ImageJ (Rasband, 1997-2011), Version 1.44p.

2.5.4 Keimungsassay

Für den Keimungsassay wurden Arabidopsis-Samen in 70%-igem Ethanol mit 0,1% Triton X-100 bei 21°C und 1.400 U/min sterilisiert und viermal in 70%-igem Ethanol gewaschen. Die Samen wurden auf Whatman-Papier unter einer Sterilbank getrocknet und mit einem Zahnstocher auf

MS-Platten positioniert. Anschließend konnten die Platten unter Langtagbedingungen inkubiert und die Keimungsrate alle 24 Stunden ermittelt werden. Als gekeimt wurden solche Samen betrachtet, deren Radikula die Samenhülle durchstieß (nach Greenboim-Wainberg *et al.*, 2005).

2.5.5 Subzelluläre Lokalisation in *Nicotiana benthamiana*

Die subzelluläre Lokalisation von Proteinen erfolgte durch transiente Expression von GFP-Fusionsproteinen in Tabakblättern. Dafür wurden die Fusionsproteine wie in Abschnitt 2.3.1.2 beschrieben exprimiert. Drei Tage nach der Expression erfolgte die Analyse der Lokalisation an einem konfokalen Mikroskop (Leica TCS SP5, Leica, Solms). Das GFP wurde dabei mit einem Argonlaser bei 488 nm angeregt und die Emission bei 509 nm gemessen.

3 Ergebnisse

3.1 Analyse der DNA-Bindungsspezifität des Typ-B *Response*-Regulators ARR1

3.1.1 Promotordeletionsanalysen des Typ-A *Response*-Regulatorgens *ARR6*

In der Vergangenheit wurden Untersuchungen an *cis*-regulatorischen Elementen der Cytokininsignaltransduktion durchgeführt (Sakai *et al.*, 2000; Hosoda *et al.*, 2002; Imamura *et al.*, 2003; Taniguchi *et al.*, 2007; Ramireddy, 2009). Dabei beschränkten sich die Analysen allerdings ausschließlich auf die Identifizierung von DNA-Bindemotiven für die Typ-B ARR. Im Rahmen dieser Arbeit sollten weitere *cis*-regulatorische Elemente der Cytokininsignaltransduktion identifiziert werden, wobei eine Bindung der Typ-B ARR nicht vorausgesetzt wurde. Dafür wurden Promotordeletionsanalysen des primären Cytokininantwortgens *ARR6* im Protoplast-*trans*-Aktivierungsassay (PTA) System, unter Verwendung der von Ramireddy (2009) verwendeten Konstrukte, durchgeführt. Die Ergebnisse der Analysen, die jeweils ohne und mit Zugabe von *trans*-Zeatin (*tZ*) durchgeführt wurden sind in Abbildung 5 zu sehen.

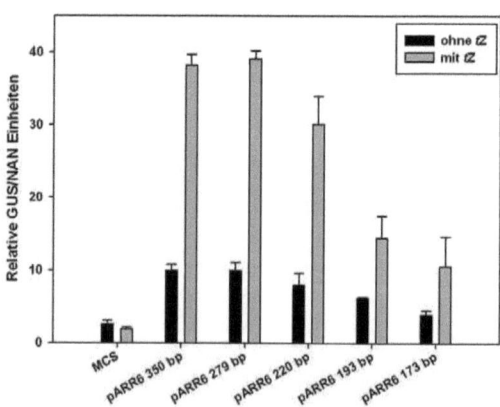

Abbildung 5: Promotordeletionsanalysen des Typ-A *Response*-Regulatorgens *ARR6* im PTA-System. Der *ARR6*-Promotor wurde in fünf unterschiedlich lange Fragmente aufwärts vom potentiellen Translationsstart deletiert. Die transkriptionelle Antwort der einzelnen Promotorfragmente wurde nach einer 18-stündigen Inkubation

ohne und mit Zugabe von 500 nM *trans*-Zeatin (*tZ*) analysiert. Als Negativkontrolle wurde der PTA-Reportervektors mit *multiple cloning site* (MCS) verwendet. Die hier abgebildeten Ergebnisse stellen das Mittel von drei biologischen Replikaten dar (n=3).

Die Ergebnisse der PTAs zeigten ohne Zugabe von *trans*-Zeatin eine graduelle Abnahme der Antwort des *ARR6*-Promotors, in Abhängigkeit der Länge der Promotorfragmente. Nach der Zugabe von Cytokinin war ein Anstieg der transkriptionellen Antwort bei allen getesteten Promotorfragmenten zu erkennen. Die Fragmente -350 bp und -279 bp zeigten in diesen Experimenten ein nahezu identisches Verhalten hinsichtlich ihrer Antwort. Eine Verkürzung des *ARR6*-Promotors auf -220 bp und -193 bp führte zu einer Reduktion der Cytokininantwort auf 78% bzw. 37% im Vergleich zum -350 bp-Fragment. Das kürzeste getestete Fragment mit einer Länge von 173 bp zeigte nur noch eine Antwort von 27% verglichen mit dem -350 bp-Promotorfragment. Die Ergebnisse der Promotordeletionsanalysen weisen auf ein **c**ytokininantwort-vermittelndes **c**is-**r**egulatorisches **E**lement (CCRE) in der Region zwischen -193 bp und -220 bp des *ARR6*-Promotors hin und stimmen mit den früheren Analysen hinsichtlich der Bindespezifität von ARR1 überein (Ramireddy, 2009).

3.1.2 Proteinexpression des Typ-B *Response*-Regulators ARR1

Aufgrund der hohen Übereinstimmung der Ergebnisse in den PTA-Experimenten aus Abschnitt 3.1.1 und von Ramireddy (2009) sollte untersucht werden, ob das neue CCRE eine potentielle Bindestelle für die Typ-B ARR beinhaltet. Dafür wurde exemplarisch die Bindung von ARR1 an das CCRE untersucht.

Der Versuch das *full-length*-Protein von ARR1 in *E. coli* zu exprimieren wurde in dieser Arbeit nicht unternommen, da dies zuvor bereits laborintern erfolglos versucht wurde (persönliche Korrespondenz Dr. Hakan Dortay). Um mögliche toxische Effekte von ARR1 auf *E. coli* zu umgehen, wurde die Expression in einem zellfreien System, welches auf einem bakteriellen S30-Extrakt basiert, durchgeführt (siehe Abschnitt 2.3.1.2). Nach Analyse der Extrakte auf einem SDS-Gel, vor und nach einer 16-stündigen Inkubation bei 30°C, konnte keine intensive Bande für ARR1 *full-length* (ca. 72 kDa) detektiert werden, während die Kontrollen AHK4-CHASE und GFP eine starke Expression zeigten (Abbildung 6).

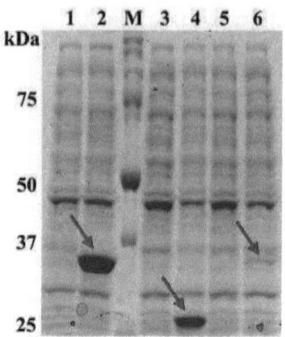

Abbildung 6: Zellfreie Expression des *full-length* Proteins von ARR1. Die kodierenden Sequenzen von ARR1 sowie von den Kontrollen AHK4-CHASE und GFP wurden in den Expressionsvektor pIVEX2.3MCS kloniert, für 16 h bei 30°C exprimiert und je 1 µl der 70 µl Ansätze auf einem 10 %-igen SDS-Gel analysiert (2, 4 und 6). Als Referenzpunkt für die Expression wurde der jeweilige Reaktionsansatz vor der Inkubation verwendet (1, 3 und 5). Die Spuren 1-2 zeigen die Expression von AHK4-CHASE, 3-4 von GFP und 5-6 von ARR1. Die resultierenden intensiven Banden sind mit einem Pfeil markiert. Als Größenstandard wurden 5 µl des *Precision Plus Protein Dual Color Standard* (Bio-Rad, München) einsetzt (M).

Für ARR1 konnte nach der Expression eine zusätzliche Bande zwischen 25 und 37 kDa detektiert werden. Es wäre möglich, dass diese Bande ein verkürztes Fragment von ARR1 repräsentiert. Um dieser Frage nachzugehen, wurde die Bande aus dem SDS-Gel ausgeschnitten, von Dr. Christoph Weise (Institut für Biochemie, FU-Berlin) weiter aufbereitet und einer MALDI-MS Analyse unterzogen. Die Analyse ergab, dass es sich bei der Bande um Fragmente von ARR1 handelte (Abbildung 7).

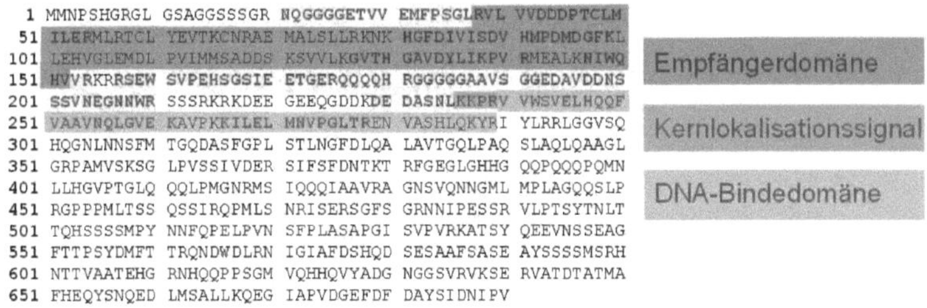

```
  1 MMNPSHGRGL GSAGGSSSGR NQGGGGETVV EMFPSGLRVL VVDDDPTCLM
 51 ILERMLRTCL YEVTKCNRAE MALSLLRKNK HGFDIVISDV HMPDMDGFKL
101 LEHVGLEMDL PVIMMSADDS KSVVLKGVTH GAVDYLIKPV RMEALKNIWQ
151 HVVRKRRSEW SVPEHSGSIE ETGERQQQQH RGGGGGAAVS GGEDAVDDHS
201 SSVNEGNNWR SSSRKRKDEE GEEQGDDKDE DASNLKKPRV VWSVELHQQF
251 VAAVNQLGVE KAYPKKILEL MNVPGLTREN VASHLQKYRI YLRRLGGVSQ
301 HQGNLNNSFM TGQDASFGPL STLNGFDLQA LAVTGQLPAQ SLAQLQAAGL
351 GRPAMVSKSG LPVSSIVDER SIFSFDNTKT RFGEGLGHHG QQPQQQPQMN
401 LLHGVPTGLQ QQLPMGNRMS IQQQIAAVRA GNSVQNNGML MPLAGQQSLP
451 RGPPPMLTSS QSSIRQPMLS NRISERSGFS GRNNIPESSR VLPTSYTNLT
501 TQHSSSSMPY NNFQPELPVN SFPLASAPGI SVPVRKATSY QEEVNSSEAG
551 FTTPSYDMFT TRQNDWDLRN IGIAFDSHQD SESAAFSASE AYSSSSMSRH
601 NTTVAATEHG RNHQQPPSGM VQHHQVYADG NGGSVRVKSE RVATDTATMA
651 FHEQYSNQED LMSALLKQEG IAPVDGEFDF DAYSIDNIPV
```

Empfängerdomäne

Kernlokalisationssignal

DNA-Bindedomäne

Abbildung 7: Schematische Darstellung der Ergebnisse der MALDI-MS Analyse der ARR1-Expressionsbande aus der zellfreien Proteinexpression. Die identifizierten Peptide der MALDI-MS Analyse sind rot in der Aminosäuresequenz von ARR1 markiert. Bekannte funktionelle Domänen (nach Pfam, Punta et al., 2012)) von ARR1 sind mit unterschiedlichen Farben hervorgehoben.

Es wurden Peptide identifiziert, die zeigten, dass sowohl die Empfängerdomäne, das Kernlokalisationssignal sowie die DNA-Bindedomäne exprimiert wurden. Allerdings konnten keine Peptide detektiert werden, die im C-terminalen Teil des Proteins lokalisiert sind. Dies lässt darauf schließen, dass eine verkürzte Version von ARR1 exprimiert wurde, die sowohl die Empfängerdomäne als auch die DNA-Bindedomäne beinhaltete. Da für eine DNA-Bindung dieses Konstrukt ausreichend sein sollte, wurde versucht die verkürzte Variante des ARR1-Proteins zu exprimieren. Dazu wurde die kodierende Sequenz von ARR1 vom ersten Methionin bis zur Aminosäure 300 (ARR1 1-300) in den Vektor des zellfreien Systems kloniert und exprimiert. Auch in diesem Experiment war eine sehr starke Expression der Kontrolle (GFP) zu erkennen (Abbildung 8). Für ARR1 1-300 konnte keine intensive Bande nach der Expression detektiert werden.

In früheren Studien wurde bereits gezeigt, dass für eine Bindung der Typ-B ARR an die DNA deren DNA-Bindedomänen ausreichend sind (Sakai et al., 2000; Hosoda et al., 2002; Taniguchi et al., 2007). Daher wurde die Sequenz der ARR1-DNA-Bindedomäne (Arg^{239}-Arg^{289}) in den Vektor pDEST15 kloniert und in dem E. coli-Expressionsstamm BL21 exprimiert. Nach der Optimierung der Expressionsbedingungen wurde diese bei 16°C für 6 h und einer Induktion mit 0,1 mM IPTG durchgeführt. Anschließend wurden die Proteine über den im Vektor kodierten GST-*tag*, wie in Abschnitt 2.3.2.1 beschrieben, aufgereinigt und auf einem 10%-igen SDS-Gel analysiert (Abbildung 9).

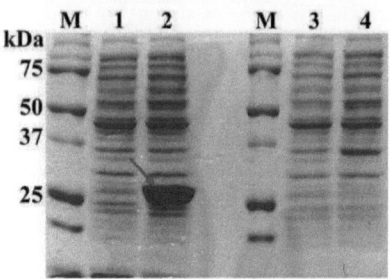

Abbildung 8: Zellfreie Proteinexpression einer verkürzten ARR1-Variante. Die kodierende Sequenz der Aminosäuren 1-300 von ARR1 und *full-length* GFP wurden in den Expressionsvektor pIVEX2.3MCS kloniert, für 16 h bei 30°C exprimiert und je 1 µl der 70 µl Ansätze auf einem 10 %-igen SDS-Gel analysiert (2 und 4). Als Referenzpunkt für die Expression wurde der jeweilige Reaktionsansatz vor der Inkubation verwendet (1 und 3). Die Expression von GFP ist in den Spuren 1-2, die von ARR1 1-300 in 3-4 zu sehen. Intensive Banden nach der Expression sind mit einem Pfeil markiert. Als Größenstandard wurden 5 µl des *Precision Plus Protein Dual Color Standard* (Bio-Rad, München) einsetzt (M).

Sowohl bei der Kontrolle GST als auch bei GST:ARR1-DBD (Abbildung 9) waren intensive Banden zu erkennen. Die molekularen Größen dieser Banden entsprachen in etwa der erwarteten Größe von GST (26 kDa) bzw. GST:ARR1-DBD (32 kDa). Zusätzlich konnte bei Expression von GST:ARR1-DBD eine weitere Bande auf der Höhe von GST detektiert werden, was auf eine Abspaltung des N-terminalen *tag*s hindeutet. Dies konnte anhand von Western Blots mit einem GST spezifischem Antikörper bestätigt werden (Daten nicht gezeigt).

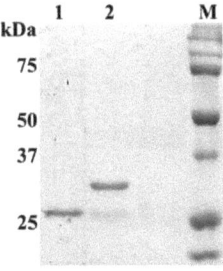

Abbildung 9: Proteinexpression der DNA-Bindedomäne von ARR1. Die DNA-Bindedomäne von ARR1 (Arg^{239}-Arg^{289}) wurde in den pDEST15-Vektor kloniert und die Expression für 6 h mit 0,1 mM IPTG in dem *E. coli*-Stamm BL21 bei 16°C induziert. Anschließend erfolgte eine Aufreinigung der Proteine über den im Vektor kodierten GST-*tag* (siehe 2.3.2.1). Je 10 μl der Expression von GST (1) und GST:ARR1-DBD (2) wurden auf einem 10%-igen SDS-Gel analysiert. Als Größenstandard wurden 5 μl des *Precision Plus Protein Dual Color Standard* (Bio-Rad, München) eingesetzt (M).

3.1.3 Gelretardationsassays (GRAs) für GST:ARR1-DBD und den Promotor von *ARR6*

Für die Durchführung der Gelretardationsassays (GRAs) wurde die aufgereinigte DNA-Bindedomäne von ARR1 (siehe Abschnitt 3.1.2) zusammen mit verschiedenen radioaktiv markierten *ARR6*-Promotorfragmenten inkubiert und auf ein natives Polyacrylamidgel aufgetragen (siehe Abschnitt 2.3.6). Mit einer Ausnahme sind die verwendeten Promotorfragmente die gleichen, die auch in Abschnitt 3.1.1 für den PTA eingesetzt worden sind.

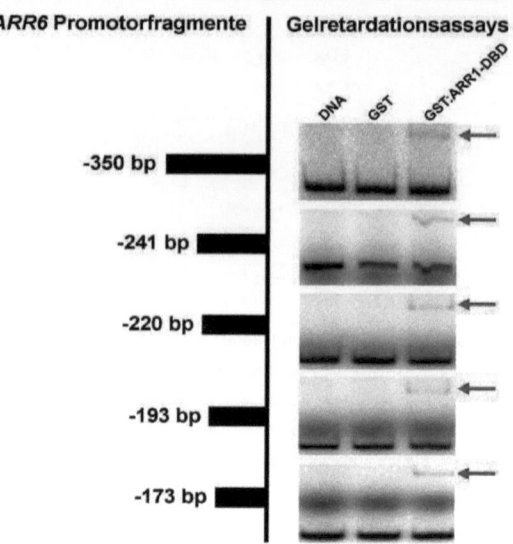

Abbildung 10: Gelretardationsassays für die DNA-Bindedomäne von ARR1 und verschiedenen Promotorfragmenten von *ARR6*. Die aufgereinigten Proteine GST bzw. GST:ARR1-DBD wurden mit verschiedenen radioaktiv markierten *ARR6*-Promotorfragmenten inkubiert, auf einem nativen Polyacrylamidgel separiert und mittels Autoradiographie analysiert. Den untersuchten Promotorfragmenten (linke Seite) ist der entsprechende GRA (rechte Seite) gegenübergestellt. Die Bindung der DNA (*band shifts*) ist durch die Pfeile markiert.

In den Gelretardationsassays konnte gezeigt werden, dass die exprimierte und aufgereinigte GST:ARR1-DBD an den Promotor von *ARR6* binden kann (Abbildung 10) und somit funktionell ist. Da die Negativkontrolle GST nicht an die Promotorfragmente bindet, ist davon auszugehen, dass die DBD von ARR1 allein für die Bindung verantwortlich ist. Für keines der untersuchten Fragmente wurde dabei ein abweichendes Bindeverhalten der ARR1-DBD festgestellt, was sich durch das Vorhandensein von Typ-B ARR-Bindemotiven in allen untersuchten Fragmenten erklären lässt. In diesen Experimenten ließ sich jedoch nicht klären, ob die ARR1-DBD auch an das CCRE binden kann.

Um dies zu untersuchen wurden Kompetitionsstudien mit dem CCRE und der ARR1-DBD durchgeführt (Abbildung 11). Dafür wurde das -350 bp-Fragment des *ARR6*-Promotors radioaktiv markiert, zusammen mit

GST bzw. GST:ARR-DBD inkubiert, mit Kompetitor-DNA versetzt und auf einem nativen Polyacrylamidgel analysiert.

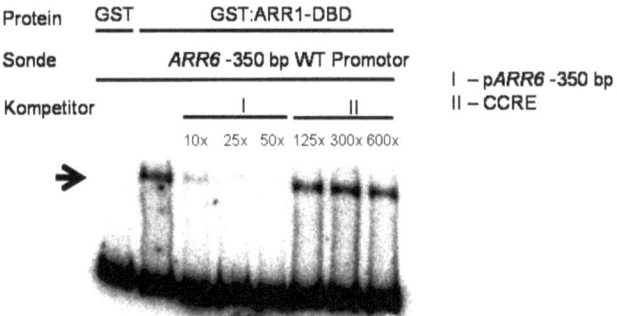

Abbildung 11: Gelretardationsexperiment mit ARR1-DBD und dem CCRE. Die aufgereinigten Proteine GST bzw. GST:ARR1-DBD wurden mit dem radioaktiv markierten -350 bp *ARR6*-Promotorfragment inkubiert, mit Kompetitor-DNA versetzt und auf einem nativen Polyacrylamidgel analysiert. Durch Zugabe von unmarkierter p*ARR6* -350 bp (I) bzw. CCRE (II) DNA im Überschuss wurde eine Reversion des *band shifts* (Pfeil) nur bei dem p*ARR6* -350 bp-Fragment beobachtet.

Die Ergebnisse der Autoradiografie zeigten eine sichtbare Verschiebung (*band shift*) der radioaktiv markierten DNA bei Zugabe von GST:ARR1-DBD (Abbildung 11). Durch die Zugabe von unmarkierter *ARR6*-Promotor-DNA (Abbildung 11) konnte dieser *band shift* zumindest teilweise revertiert werden. Dabei war die Stärke der Reversion abhängig von der Menge an eingesetzter unmarkierter DNA. Für das neu identifizierte CCRE konnte keine Reversion auch bei sehr hohen Kompetitor-Konzentrationen observiert werden. Die Gelretardationsassays deuten darauf hin, dass ARR1-DBD nicht an das CCRE binden kann. Allerdings kann eine Bindung von ARR1 *full-length* oder der anderen Typ-B ARR an das CCRE nicht ausgeschlossen werden.

3.2 Identifizierung von Proteinen, die an das cytokininantwortvermittelnde *cis*-regulatorisches Element (CCRE) binden

In dieser Arbeit konnte ein bisher unbekanntes cytokininantwortvermittelndes *cis*-regulatorisches Element (CCRE) identifiziert werden.

Weiterhin wurde gezeigt, dass die DNA-Bindedomäne des Typ-B ARR ARR1 für eine Bindung *in vitro* an dieses Element nicht ausreichend ist. Daraus resultierend stellte sich die Frage, welche Faktoren an das CCRE binden und somit eventuell eine regulatorische Funktion bei der Cytokininantwort haben. Um dieser Frage nachzugehen, wurde das *yeast one-hybrid*-System verwendet.

3.2.1 Erzeugung und Verifizierung von Reporterstämmen für das *yeast one-hybrid*-System

Das CCRE ist mit 27 bp ein kurzes DNA-Fragment. Um flankierende Basen, welche für die Bindung einiger *trans*-Faktoren wichtig sein könnten, nicht zu verlieren, wurde das -220 bp-Fragment des *ARR6*-Promotors verwendet. Des Weiteren wurde eine Variante des -220 bp-Fragmentes verwendet, in der beide erweiterten Bindemotive der Typ-B ARR (Taniguchi *et al.*, 2007) funktionell mutiert sind (-220 bp $^{-136,\ -113}$). Beide Fragmente wurden zunächst in den *yeast one-hybrid*-Reportervektor pHISi-1 kloniert und anschließend über homologe Rekombination in das Genom des Hefestamms L40ccua (siehe Tabelle 7) integriert. Die Integration der DNA-Fragmente in das Genom der Hefen wurde mittels Kolonie-PCR untersucht (Abbildung 12).

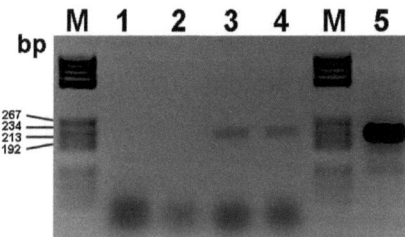

Abbildung 12: Ergebnisse der Kolonie-PCR zur Verifizierung der Integration der Reporterkonstrukte in das Genom der Hefe. Positiv selektionierte Klone wurden in SD -His Flüssigmedium über Nacht bei 30°C und 180 U/min inkubiert. 500 µl der Kultur wurden abzentrifugiert und das Pellet in 100 µl ddH$_2$O resuspendiert. Je 1 µl der Hefesuspension wurde für eine PCR des -220 bp-Fragments des *ARR6*-Promotors eingesetzt. In den Negativkontrollen mit nur dem Hefestamm (1) und Hefestamm plus Vektor mit *multiple cloning site* (2) sind keine Banden zu erkennen. Die beiden transformierten Konstrukte -220 bp (3) und -220 bp $^{-136,\ -113}$ (4) zeigen eine

deutliche Bande bei etwa 220 bp. Als Positivkontrolle wurde die DNA des PTA-Vektors mit dem -350 bp-Fragment des *ARR6*-Promotors verwendet (5) (siehe Tabelle 9). Der DNA-Marker P-205 (MMBL, Bielefeld) wurde als Größenstandard verwendet (M).

Zu erkennen ist, dass die PCR erfolgreich verlief, da die Positivkontrolle mit dem -350 bp-Fragment des *ARR6*-Promotors aus den PTA-Experimenten ein sehr starkes Amplifikat zeigte (Abbildung 12). Sowohl für den Hefestamm L40ccua als auch den Stamm mit integriertem *pHISi*-1-Vektor konnten keine Banden detektiert werden (Abbildung 12). Beide Kontrollen beweisen, dass die Primer unter diesen experimentellen Bedingungen weder aus dem Genom der Hefe noch dem Vektorrückrat ein Amplifikat bilden können. Wie in Abbildung 12 zu erkennen ist, konnten sowohl für das -220 bp als auch das mutierte -220 bp $^{-136, -113}$ Fragment schwache, aber deutliche Banden auf der erwarteten Höhe detektiert werden (Abbildung 12). Die Ergebnisse der Kolonie-PCR bestätigten die erfolgreiche Integration der Promotorkonstrukte in das Genom der Hefe. In den folgenden Experimenten wurde mit diesen Hefestämmen weitergearbeitet.

3.2.2 Durchführung von *yeast one-hybrid screens*

Eine cDNA-Bank aus Wurzelkallusgewebe wurde für die *yeast one-hybrid screens* in die beiden Hefereporterstämme, wie in Abschnitt 2.4.1 beschrieben, transformiert. Beide *screens* wurden jeweils mehrfach durchgeführt und die Ergebnisse sind in Tabelle 12 dargestellt.

Tabelle 12: Zusammenfassung der *yeast one-hybrid screens* mit den *ARR6*-Promotorfragmenten -220 bp und -220 bp $^{-136, -113}$. Sowohl die Transformationseffizienz als auch die Anzahl der primär- und sekundärpositiven Klone ist aufgelistet.

	p*ARR6* 220 bp	p*ARR6* 220 bp $^{-136, -113}$
Anzahl an Transformanden	750.000	440.000
Anzahl der Primärpositiven	55	21
Anzahl der Sekundärpositiven	11	16

Die Plasmide der primärpositiven Klone wurden isoliert (siehe Abschnitt 2.2.7), in *E. coli* amplifiziert und letztendlich in die Hefereporterstämme retransformiert. Sämtliche auf Selektionsmedium identifizierten Kolonien wurden als sekundärpositive Klone angesehen, ihre *prey*-Plasmid-DNA wie in Abschnitt 2.2.7 beschrieben isoliert und sequenziert.

Eine Auflistung der identifizierten Gene ist in Tabelle 13 dargestellt. Fast alle der identifizierten Gene wurden jeweils nur einmal in einem der beiden *screens* gefunden. Das *Light Sensitive Hypocotyl 3* (*LSH3*) und die *Imidazoleglycerol-Phosphate Dehydratase* (*HISN5B*) hingegen kamen insgesamt zehn Mal und in beiden *screens* vor. Bei HISN5B handelt es sich um ein homologes Protein, des in der Hefe vorkommenden *HIS3*-Gens (Struhl und Davis, 1977), welches den sechsten Schritt in der Histidinbiosynthese katalysiert. Die Deletion dieses Gens in dem Hefestamm resultiert in einer Auxotrophie für Histidin. Da die Selektion der Hefeklone auf Histidinmangelmedium (SD -Leu -His) erfolgte wäre es möglich, dass die Expression von HISN5B zu einer Komplementation der *his3*-Mutation in der Hefe führte. Aus diesem Grund wurde dieses Gen nicht weitergehend charakterisiert. Für *LSH3* war bisher keine Funktion beschrieben. Zudem konnte mit *LSH6* ein weiterer Vertreter dieser Familie in dem *screen* mit dem -220 bp$^{-136,\ -113}$ Fragment gefunden werden.

Die Interaktion mit dem Promotor von *ARR6* im *yeast one-hybrid*-System wurde für drei *LSH3*-Klone in einem Tröpfchenversuch näher untersucht. Dafür wurden die sekundärpositiven Klone in Interaktionsmedium inkubiert und in sterilem ddH$_2$O auf eine OD$_{600}$ von 0,1 eingestellt. Anschließend wurde diese Suspension sowie eine 1:10- und 1:100-Verdünnung auf verschiedene Selektionsmedien aufgetropft. In Abbildung 13 ist zu erkennen, dass alle untersuchten Hefeklone gutes Wachstum auf dem Transformationskontrollmedium zeigten (SD -Leu). Der pATC2-AD-Vektor mit *multiple cloning site* wurde als Negativkontrolle verwendet und zeigte kein Wachstum auf Medium mit 3-Amino-1,2,4-triazole (3-AT), einem Kompetitor der Histidinbiosynthese. Ein deutliches Wachstum konnte für die *LSH3*-Klone im Hefestamm mit dem -220 bp-Fragment bis zu einer Konzentration von 10 mM 3-AT observiert werden, während dieselben Klone kein Wachstum im Kontrollstamm zeigten. Vergleichbare Ergebnisse wurden für den Hefestamm mit dem integrierten -220 bp $^{-136,-113}$ Promotorfragment erzielt (Daten nicht gezeigt).

Tabelle 13: Zusammenfassung der Sequenzierungsergebnisse der sekundärpositiven Klone. Die Sequenzierungsergebnisse wurden gegen die Proteindatenbank von TAIR (Version 10; www.arabidopsis.org) geblastet. Neben der AGI-Identifizierung sind auch der Genname und die Abkürzung (falls bekannt) sowie die Häufigkeit der Identifizierung in beiden *screens* aufgelistet.

AGI	Beschreibung	Anzahl Sekundärpositiver im *screen*	
		p*ARR6* 220 bp	p*ARR6* 220 bp $^{-136,-113}$
At2g31160	Light Sensitive Hypocotyl 3 (LSH3)	3	7
At4g14910	Imidazoleglycerol-Phosphate Dehydratase (HISN5B)	4	6
At5g04240	Early Flowering 6 (ELF6)	1	-
At1g27435	unbekanntes Protein	1	-
At4g20260	*Arabidopsis thaliana* Plasma-Membrane associated Cation-Binding Protein 1 (PCAP1)	1	-
At2g44860	Ribosomal Protein L24e Family	1	-
At4g05320	Polyubiquitin 10 (UBQ10)	-	1
At1g07090	Light Sensitive Hypocotyl 6 (LSH6)	-	1
At2g04630	Non-catalytic subunit of nuclear DNA-dependent RNA polymerases II and V (NRPB6B)	-	1

Die kodierende Sequenz von *LSH3* wurde in den pACT2-GW-Vektor kloniert und erneut im Tröpfchenversuch hinsichtlich einer Interaktion mit dem *ARR6*-Promotor untersucht. Dieser Klon wies eine starke Autoaktivierung auf. Dennoch konnte ein besseres Wachstum der *LSH3*-Klone gegenüber dem Kontrollstamm ab einer Konzentration von 20 mM 3-AT beobachtet werden (Daten nicht gezeigt).

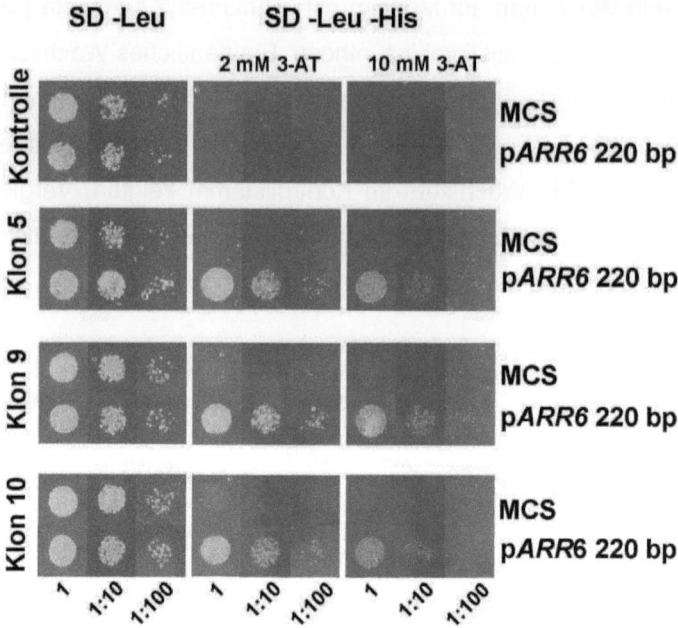

Abbildung 13: Tröpfchenversuch der LSH3-Klone im yeast one-hybrid-System. Die LSH3-Klone (5, 9 und 10) im Hefestamm wurden auf Interaktionsmedium herangezogen und in sterilem ddH$_2$O auf eine OD$_{600}$ von 0,1 eingestellt. Anschließend wurden je 5 µl der Hefesuspension sowie einer 1:10- bzw. 1:100-Verdünnung auf Kontrollmedium (SD -Leu) sowie auf zwei unterschiedlichen Interaktionsmedien (SD -Leu -His) aufgetropft. Bei dem Interaktionsmedium handelte es sich um SD-Medium mit unterschiedlichen Konzentrationen an 3-Amino-1,2,4-triazole (3-AT), einem Kompetitor der Histidinbiosynthese. Als Negativkontrollen wurden der Hefestamm mit integriertem pHISi-1-Vektor (MCS) und der pACT2-AD-Vektor mit *multiple cloning site* (Kontrolle) verwendet.

3.3 Charakterisierung der Funktion von *LSH3* im Cytokininsignalweg

3.3.1 Die Light Sensitive Hypocotyl (LSH) Proteinfamilie

Das Protein Light Sensitive Hypocotyl 3 besitzt eine einzige Domäne mit unbekannter Funktion (DUF640, PF04852; Punta *et al.*, 2012). Proteine mit dieser Domäne sind pflanzenspezifisch und konnten neben Arabidopsis unter anderem auch in Reis, *Physcomitrella patens* und *Selaginella moellendorffii* identifiziert werden (Abbildung 14). In *Arabidopsis thaliana* besteht die LSH-Proteinfamilie aus zehn Mitgliedern. Als erstes Mitglied dieser Genfamilie wurde *LSH1* mittels Analysen von T-DNA ac-

tivation tagging Linien charakterisiert (Zhao *et al.*, 2004). Die Überexpression von *LSH1* resultierte in Pflanzen mit verkürztem Hypocotyl und vergrößerten Kotyledonen bei konstantem weißem, rotem, blauem und dunkelrotem Licht. Des Weiteren konnte für diese Pflanzen eine Verkürzung der Petiolen der Rosettenblätter nachgewiesen werden. Untersuchungen mit Promotor::GUS-Linien zeigten eine Expression von *LSH1* im Spross-Apex, dem Hypokotyl, den Primordien der Lateralwurzeln und etwas schwächer in den Kotyledonen und der Vaskulatur der Wurzel. Für GFP-LSH1 wurde eine Kernlokalisation in Hypokotyl- und Wurzelzellen nachgewiesen. Die Überexpression von *LSH1* in den Fotorezeptormutanten *phyA-201*, *phyB-1*, *hy1-1* und *hy4-2.23N* deutet auf eine Interaktion von LSH1 mit PHYA-201 bei konstantem blauen und dunkelroten Licht sowie mit HY1-1 bei konstantem Rotlicht hin (Zhao *et al.*, 2004). In Reis wurde mit dem Long Sterile Lemma1 (G1) Protein ein naher Verwandter von LSH1 beschrieben (Abbildung 14) (Yoshida *et al.*, 2009). Der Verlust dieses Gens führte zu einer starken Vergrößerung des sterilen Lemmas bei gleichzeitiger Ausbildung einer sehr rauen Oberfläche. Es konnte gezeigt werden, dass die betroffenen Zellen Lemma-Identität aufwiesen. *In situ*-Hybridisierung bestätigte die Expression in den Primordien der sterilen Lemma. Auch für das Reishomolog G1 wurde eine Kernlokalisation gezeigt. Zusätzlich konnte für G1 eine Verstärkung der Transaktivierung der GAL4-DNA-Bindedomäne in Arabidopsis-Blättern nachgewiesen werden (Yoshida *et al.*, 2009).

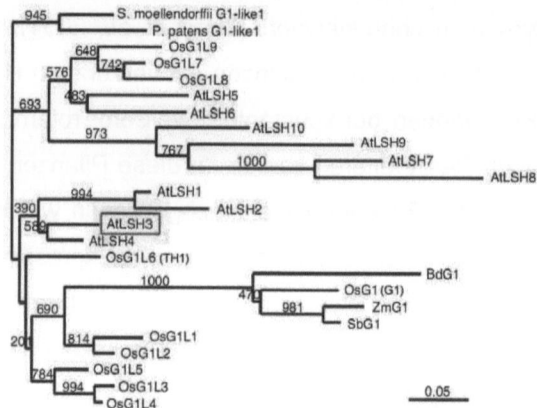

Abbildung 14: Phylogenetischer Stammbaum der LSH-Proteinfamilie anhand der DUF640. Die Aminosäuresequenzen der DUF640 verschiedener Spezies wurden miteinander verglichen und ein phylogenetischer Stammbaum mittels *neighbour joining*-Methode (Saitou und Nei, 1987) erstellt. Die Zahlen repräsentieren die Bootstrap-Werte (modifiziert nach Yoshida et al., 2009).

Erst kürzlich identifizierten Cho und Zambryski in *enhancer trap*-Linien *Organ Boundary* 1 (*OBO1*) (Cho und Zambryski, 2011). *OBO1* wird in den Grenzen der vegetativen und reproduktiven Organe des apikalen Spross- (SAM) und des Wurzelmeristems (RAM) exprimiert. Die weiteren Untersuchungen ergaben, dass *OBO1* identisch mit *LSH3* ist und wie auch *LSH1* im Zellkern lokalisiert ist. Die Reprimierung von *LSH3* mit *small interfering* RNA (siRNA) führte zu keinen phänotypischen Veränderungen (Cho und Zambryski, 2011). Sowohl die Reprimierung von *LSH4* als auch von *LSH3* und *LSH4* ergaben vergleichbare Resultate (Takeda et al., 2011). Die Überexpression von *LSH3* bzw. *LSH4* resultierte in einer leicht veränderten Morphologie der Blütenorgane. So wiesen *35S::LSH3* Pflanzen eine veränderte Anzahl an Petalen auf (Cho und Zambryski, 2011). Eine spezifische Überexpression von *LSH4* im SAM (*RPS5Ap::LSH4*) resultierte in Keimlingen mit dünneren Kotyledonen und kürzeren Petiolen. Des Weiteren war das Wachstum der Blätter verlangsamt, was sich in kleinen unregelmäßig geformten Blättern äußerte. In der reproduktiven Phase wiesen die transgenen Pflanzen eine erhöhte

Anzahl an Sepalen auf und erzeugten gelegentlich zusätzliche Blütenorgane. Vergleichbare Phänotypen, allerdings in abgeschwächter Form, wurden mit transgenen *RPS5Ap::LSH3* Pflanzen beobachtet (Takeda *et al.*, 2011). In Reis wurde mit *TH1* der nächste Verwandte von *LSH3* und *LSH4* beschrieben (Abbildung 14) (Li *et al.*, 2012). Knockout-Mutanten wiesen ein verändertes Lemma auf. Es konnte auch gezeigt werden, dass diese Pflanzen weniger Samen produzierten, als der Wildtyp. Die Phänotypen dieser Mutante wurden durch eine Verschiebung des Leserasters innerhalb der kodierenden Sequenz der DUF640 hervorgerufen, was dafür spricht, das diese essentiell für die Funktion der LSH-Proteine ist (Li *et al.*, 2012). Eine mögliche Interaktion der LSH-Proteine mit dem Cytokininsignalweg wird durch *yeast two-hybrid*-Studien unterstützt. Für LSH1 konnte eine Interaktion mit AHK4, ARR6 sowie der CHASE-Domäne und für LSH3 mit ARR7 und ARR14 gezeigt werden (Dortay *et al.*, 2008; unpublizierte Daten). Genexpressionsanalysen mittels quantitativer *real-time*-PCR von *35S::CUC1*-Pflanzen zeigten ein erhöhtes Transkriptlevel von *LSH3* und *LSH4* (Takeda *et al.*, 2011). In den Analysen derselben Gruppe konnte gezeigt werden, dass sowohl *LSH3* als auch *LSH4* direkte Zielgene von CUC1 sind. Während die Expressionsdomänen von *LSH4* in großen Teilen mit denen von *CUC1* und *CUC2* übereinstimmen, sind die von *LSH3* leicht unterschiedlich. Dies zeigte sich vor allem in der Wurzel. Während das GFP:LSH3-Signal in *cuc1cuc2/+* Mutanten mit Spross-Phänotyp stark herabgesetzt war, blieb das Signal in den Wurzeln unverändert (Takeda *et al.*, 2011). Dies deutet auf zwei unterschiedliche regulatorische Mechanismen in den über- und unterirdischen Pflanzenteilen hin.

3.3.2 Untersuchung des Effektes von LSH3 auf die Transaktivierung des ARR6-Promotors

Yeast two-hybrid-Untersuchungen weisen auf eine mögliche Interaktion von LSH3 mit Komponenten des Cytokininsignalweges hin (Dortay et al., 2008). Unter anderem wurde eine Interaktion mit dem Typ-B ARR ARR14 gefunden. Um eine mögliche regulatorische Funktion auf die Typ-B ARR oder den Cytokininsignalweg näher zu untersuchen, wurden PTA-Analysen mit LSH3 und dem -220 bp-Promotorfragment von ARR6 durchgeführt.

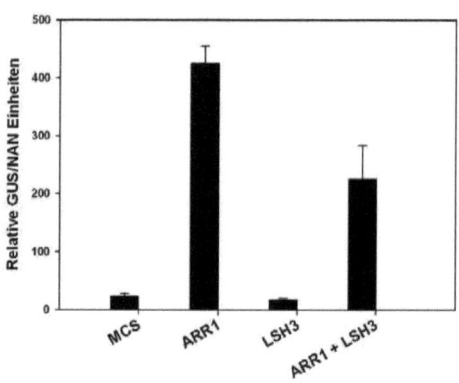

Abbildung 15: Untersuchung der Funktion von *LSH3* auf die Transaktivierung des -220 bp-Promotorfragments von *ARR6* im PTA-System. Der Effekt auf die Transaktivierung des *ARR6* -220 bp-Promotors wurde bei gleichzeitiger Expression von *ARR1* bzw. *LSH3* untersucht. Weiterhin wurde die Transaktivierungskapazität von ARR1 auf den *ARR6*-Promotor bei gleichzeitiger Expression von *LSH3* analysiert. Die Aktivierung des Reporterkonstruktes wurde nach 18-stündiger Inkubation bei 21°C gemessen. Zur Normalisierung der unterschiedlichen Transformationseffizienzen wurde ein 35S::NAN-Plasmid mit in die Protoplasten transformiert. Als Negativkontrolle wurde das -220 bp-Fragment des *ARR6*-Promotors zusammen mit dem Effektorplasmid mit *multiple cloning site* (MCS) eingesetzt. Die hier abgebildeten Ergebnisse stellen das Mittel von drei biologischen Replikaten dar (n=3).

Die Ergebnisse der PTAs sind in Abbildung 15 dargestellt. Es ist zu erkennen, dass die Überexpression von *ARR1* zu einer Verstärkung der Aktivität des Reportergens führte. Im Gegensatz dazu war eine leichte Repression des *ARR6*-Reporterkonstrukts nach der Expression von *LSH3* zu beobachten. Wurden *ARR1* und *LSH3* gleichzeitig und in gleicher Menge (Menge an transformierter Plasmid-DNA) in den Protoplasten exprimiert, führte dies zu einer Reduktion der Transaktivierungskapazität von ARR1 auf das Reporterkonstrukt um etwa 30%-40%. Eine ähnliche Reduktion war ebenfalls bei der alleinigen Expression von *LSH3* zu beobachten.

Da *LSH3* einen reprimierenden Effekt auf *ARR1* zu haben schien, stellte sich als nächstes die Frage, ob dieser Effekt spezifisch für *ARR1* ist. Um dies näher zu untersuchen, wurden PTAs mit *LSH3* und weiteren Typ-B ARR durchgeführt. Zu erkennen war, dass die Typ-B ARR große Unterschiede in der Stärke ihrer Transaktivierungskapazität des *ARR6*-Promotors aufwiesen (Abbildung 16). Während ARR21 einen besonders starken Effekt auf das -220 bp *ARR6*-Reporterkonstrukt zu haben schien, war für ARR10 nur eine schwache Antwort zu erkennen. Im Gegensatz zu früheren Experimenten (Ramireddy, 2009) zeigte ARR2 unter diesen Bedingungen eine deutlich schwächere Antwort sowohl im Vergleich zu ARR21 als auch zu ARR1. Dies kann unter anderem auf die unterschiedlichen Fragmentlängen der verwendeten *ARR6*-Promotoren zurückgeführt werden. Falls dies der Fall ist, deutet dies auf ein zusätzliches aktivierendes *cis*-regulatorisches Element für ARR2 zwischen -220 bp und -350 bp des *ARR6*-Promotors hin.

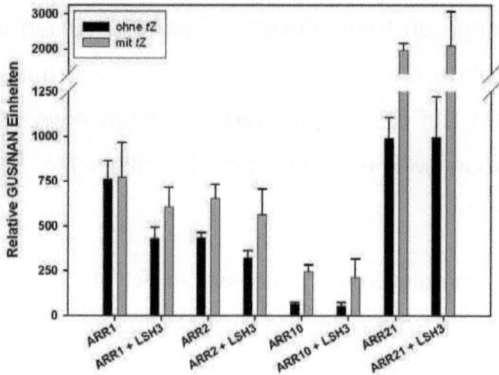

Abbildung 16: Analyse der reprimierenden Funktion von *LSH3* auf die Transaktivierungskapazitäten verschiedener Typ-B ARR im PTA-System. Der Effekt auf die Transaktivierung des *ARR6* -220 bp-Promotors wurde bei gleichzeitiger Expression von *LSH3* und verschiedenen Typ-B ARR untersucht. Als Vergleich wurde die Transaktivierungskapazität des jeweiligen Typ-B ARR allein bestimmt. Die Aktivierung des Reporterkonstruktes wurde nach 18 h Inkubation bei 21°C gemessen. Zur Normalisierung der unterschiedlichen Transformationseffizienzen wurde ein 35S::NAN-Plasmid mit in die Protoplasten transformiert. Die Versuche wurden ohne und mit Zugabe von 500 nM *trans*-Zeatin (*tZ*) durchgeführt. Die hier abgebildeten Ergebnisse stellen das Mittel von drei biologischen Replikaten dar (n=3).

Die Ergebnisse dieser PTAs bestätigten den zuvor gefundenen reprimierenden Effekt von *LSH3* auf *ARR1* ohne Zugabe von Cytokinin (Abbildung 16). Weder auf Tranaktivierungskapazität von *ARR10* noch *ARR21* konnte ein regulatorischer Effekt durch *LSH3* festgestellt werden. Bei den Versuchen mit *ARR2* konnte eine Repression der Reporteraktivität um etwa 25% bei gleichzeitiger Expression von *LSH3* festgestellt werden. Nach der Zugabe von 500 nM *trans*-Zeatin war eine Zunahme der Transaktivierung des Reporters durch die meisten Typ-B ARR erkennbar. Der reprimierende Effekt von LSH3 sowohl auf ARR1 als auch ARR2 wurde durch die Zugabe von Cytokinin teilweise revertiert.

3.3.3 Analyse der subzellulären Lokalisation von LSH3

Eine wichtige Voraussetzung für eine Interaktion von zwei Faktoren ist die gleiche subzelluläre Lokalisierung in der Zelle. Für ARR1 wurde bereits in früheren Experimenten eine Lokalisation im Zellkern gezeigt (Dortay *et al.*, 2006). Zu Beginn dieser Arbeit war die subzelluläre Lokalisation von LSH3 unbekannt. Um eventuelle posttranslationale Modifikationen zu ermöglichen, wurde die subzelluläre Lokalisation von LSH3:GFP transient in Tabak durchgeführt.

In der Abbildung 17 A ist zu erkennen, dass für die GFP-Kontrolle ein Signal sowohl im Zellkern als auch im Cytoplasma detektiert wurde. Dieses Ergebnis stimmt mit früheren Untersuchungen zur subzellulären Lokalisation von GFP überein (Dortay et al., 2006). Das LSH3:GFP-Fusionskonstrukt zeigte ausschließlich eine Fluoreszenz im Zellkern (Abbildung 17 E). Die Bestätigung, dass es sich bei dieser Struktur um den Zellkern handelt, wurde mittels 4',6-Diamidin-2-phenylindol (DAPI)-Färbung überprüft (Abbildung 17 B, F).

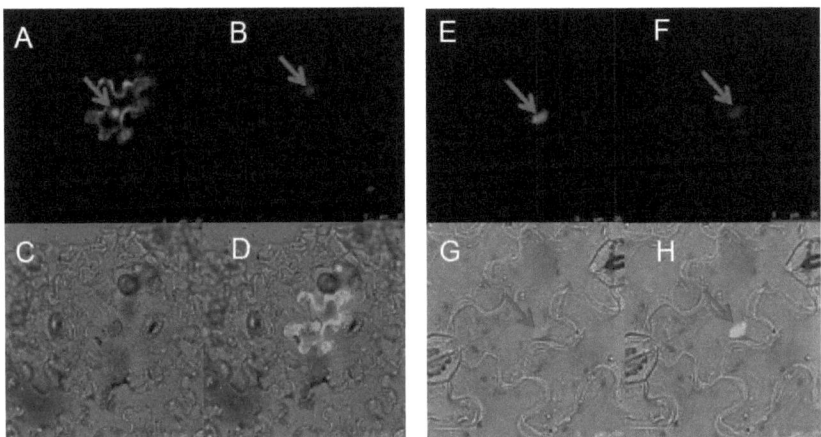

Abbildung 17: Subzelluläre Lokalisation von LSH3-GFP in Tabakepidermiszellen. Die Konstrukte 35S::GFP und 35S::LSH3:GFP wurden in *Agrobacterium tumefaciens* transformiert und, wie in Abschnitt 2.3.1.2 beschrieben, in Tabak infiltriert. Nach drei Tagen wurde die Epidermisschicht der Tabakblätter präpariert und unter einem konfokalen Mikroskop analysiert. In **A-D** ist die Lokalisation von GFP und in **E-H** die von LSH3:GFP zu erkennen. Neben der GFP-Fluoreszenz (**A, E**) ist auch ein Durchlichtbild (**C, G**) gezeigt. Als Zellkernkontrolle wurde die DNA des Kerns mit 4',6-Diamidin-2-phenylindol (DAPI) angefärbt (**B, F**). In **D** und **H** sind die Überlagerungen der Lokalisationen zu sehen.

LSH3 wurde in *yeast one-hybrid screens* gefunden, einem System für die Identifizierung von DNA-bindenden Proteinen. Dies deutet auf eine Funktion als DNA-bindendes Protein bzw. Transkriptionsfaktor hin. Bisher konnten weder der DUF640-Domäne noch *LSH3* eine molekulare Funktion zugeordnet werden. Als Bestätigung der DNA-bindenden Eigenschaften sollten GRAs für LSH3 und den Promotor von *ARR6* durchgeführt werden. Dazu wurde die kodierende Sequenz von *LSH3* in den pDEST15-Vektor kloniert und in den *E. coli*-Expressionsstamm BL21 transformiert. Die Expression des GST-Fusionskonstruktes wurde für 6 h bei 16°C mit 0,1 mM IPTG induziert. Im Anschluss an die Expression wurden die Zellen aufgeschlossen und über den GST-*tag* aufgereinigt. Die Expression und Aufreinigung der Fusionsproteine wurde auf einem 10%-igen SDS-Gel überprüft (Abbildung 18).

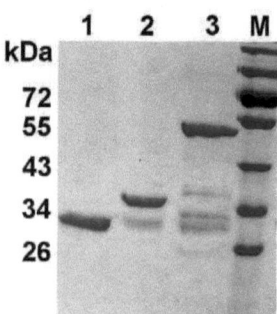

Abbildung 18: Analyse der Proteinexpression von aufgereinigtem GST:LSH3 mittels SDS-PAGE. Die kodierende Sequenz von *LSH3* wurde in den pDEST15-Vektor kloniert und die Expression für 6 h mit 0,1 mM IPTG in dem *E. coli*-Stamm BL21 bei 16°C induziert. Anschließend erfolgte eine Aufreinigung der Proteine über den im Vektor kodierten GST-*tag* (siehe 2.3.2.1). Je 10 µl des Eluates der GST-(1), GST:ARR1-DBD-(2) bzw. GST:LSH3-Expression wurden auf ein 10%-iges SDS-Gel aufgetragen. Als Größenstandard wurden 5 µl der *PageRuler™ Prestained Protein Ladder* (Fermentas, St. Leon-Rot) einsetzt (M).

In Abbildung 18 ist zu erkennen, dass die Fusionsproteine in hohem Reinheitsgrad vorlagen. Für die Negativkontrolle GST war nur eine einzige Bande detektierbar. Auch für das Fusionsprotein GST:ARR1-DBD konnte eine intensive Bande der erwarteten Größe identifiziert werden.

Bei dieser Expression wurde eine weitere niedermolekulare Bande detektiert, die der molekularen Masse von GST entsprach. Die Expression von GST:LSH3 resultierte in einer starken Bande auf der erwarteten Höhe von etwa 52 kDa (Abbildung 18). Des Weiteren konnten mehrere niedermolekulare Banden detektiert werden, was auf Degradationsprodukte oder unvollständige Translation hindeutet.

Die aufgereinigten Proteine wurden jeweils mit der radioaktiv markierten *ARR6*-Promotor-DNA vermischt, für 30 min bei 25°C inkubiert und anschließend auf einem nativen Polyacrylamidgel aufgetrennt. PTA-Untersuchungen mit Promotordeletionskonstrukten von *ARR6* zeigten eine Reduzierung des *LSH3*-Effektes ab dem -220 bp-Fragment. Die Ergebnisse stimmten größtenteils mit den PTAs aus Abschnitt 3.1.1 sowie den Ergebnissen der PTAs mit *ARR1* überein (Ramireddy, 2009). Um möglichst viele potentielle LSH3-DNA-Bindemotive in die Untersuchungen mit einzubeziehen, wurde das -350 bp-Fragment des *ARR6*-Promotors für die GRAs verwendet. Wie der Abbildung 19 zu entnehmen ist, konnte für GST keine Bindung an die DNA nachgewiesen werden. Die Positivkontrolle GST:ARR1-DBD zeigte mehrere retardierte DNA-Fragmente, was auf mehrere Bindestellen im Promotor hindeutet. In der Tat befinden sich in dem -350 bp-Fragment drei erweiterte Typ-B ARR-Bindemotive (Abschnitt 1.3.1.2; Taniguchi *et al.*, 2007).

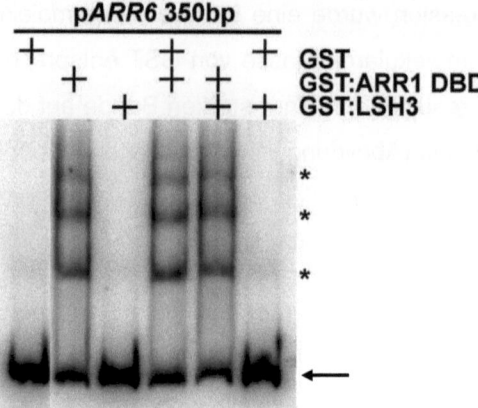

Abbildung 19: Gelretardationsassays für GST:LSH3 und den Promotor von *ARR6*. Die aufgereinigten Proteine GST, GST:ARR1-DBD sowie GST:LSH3 wurden mit dem radioaktiv markierten -350 bp-Fragment des *ARR6*-Promotors inkubiert, auf einem nativen Polyacrylamidgel aufgetrennt und mittels Autoradiografie analysiert. Die radioaktiv markierte, freie Probe ist mit einem Pfeil und die Retardierung des Laufverhaltens der DNA (*band shift*) mit Sternchen gekennzeichnet.

Die Ergebnisse für GST:LSH3 zeigten, genauso wie die Negativkontrolle GST, keine Retardierung der DNA. GST:LSH3 konnte unter den hier gewählten Bedingungen nicht an die DNA des *ARR6*-Promotors binden. Die in diesen Experimenten eingesetzten Proteine waren rekombinante Proteine aus *E. coli* und enthielten somit keine eukaryotischen Modifikationen. Um zu untersuchen, ob LSH3 entsprechende Modifikationen für eine Interaktion mit der DNA benötigt, wurde es transient in Tabakblättern exprimiert (siehe Abschnitt 2.3.1.2) und der GRA wiederholt. Auch in diesen Experimenten konnte keine Retardierung des *ARR6*-Promotors festgestellt werden (Daten nicht gezeigt).

3.3.4 Untersuchungen zur Interaktion von LSH3 mit Proteinen des Cytokininsignalweges

Die Ergebnisse der GRAs deuten darauf hin, dass LSH3 kein DNA-bindendes Protein ist. Dennoch zeigte es *in vivo* einen reprimierenden Effekt auf *ARR1*. Wie in Abschnitt 1.5 erläutert, gibt es mehrere regulatorische Mechanismen für einen Repressor, seine Funktion auszuüben. Neben der bereits untersuchten Bindung an die DNA wäre es möglich, das LSH3 mit ARR1 interagiert und somit dessen Transaktivierungskapazität reguliert. Um dieser Frage nachzugehen, wurden *yeast two-hybrid*-Analysen mit LSH3 durchgeführt.

In den *yeast two-hybrid*-Analysen wurde LSH3 ausschließlich als *bait* verwendet, da es als *prey* stark autoaktivierend ist. Zu erkennen war, dass sämtliche getesteten Typ-B ARR (ARR1, ARR2, ARR10, ARR11, ARR14, ARR18 und ARR21) sowie die Negativkontrolle (leerer *prey*-Vektor) gut auf SDII-Medium wuchsen (Abbildung 20). Bereits nach der Zugabe von 2 mM 3-AT zum Selektionsmedium (SDIV), einem Kompetitor der Histidinbiosynthese, war für keine der getesteten Interaktionen mehr ein Wachstum der Hefen zu erkennen. Dies zeigte, dass LSH3 mit keinem der hier untersuchten Typ-B ARR im *yeast two-hybrid*-System interagieren konnte. Auch für die untersuchten Typ-A ARR (ARR3-ARR9, ARR15 und ARR16) konnte keine Interaktion festgestellt werden (Daten nicht gezeigt).

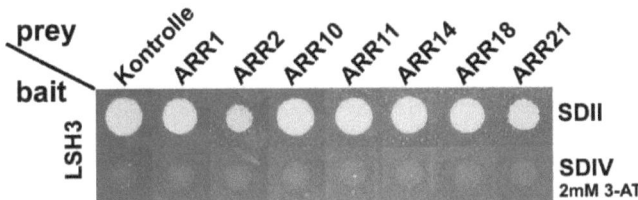

Abbildung 20: Interaktionstest von LSH3 mit verschiedenen Typ-B ARR im *yeast two-hybrid*-System. Die kodierende Sequenz von *LSH3* wurde in den pBTM116-D9-GW (*bait*)-Vektor kloniert und in den L40ccua-Hefestamm transformiert. Anschließend wurden die Typ-B ARR im pACT2-GW (*prey*)-Vektor einzeln in den L40ccua[pBTM116-D9-GW_LSH3]-Hefestamm transformiert und für drei Tage auf SDII-Selektionsmedium angezogen. Pro Transformation wurde eine gut gewachsene Kolonie in ddH$_2$O resuspendiert, auf eine OD$_{600}$ von 0,2 eingestellt und jeweils 10 µl auf SDII und SDIV mit 2 mM 3-AT pipettiert. Als Negativkontrolle wurde der *prey*-Vektor ohne kodierende Sequenz zwischen den *att-sites* (pACT2-GW_C115) eingesetzt.

Es besteht die Möglichkeit, dass LSH3 in der Pflanze modifiziert wird und das diese Modifikationen Voraussetzung für eine Interaktion mit anderen Proteinen sind. Um mögliche Interaktionspartner für LSH3 zu identifizieren, wurde GFP:LSH3 transient in Tabak exprimiert (siehe 2.3.1.3) und wie unter Abschnitt 2.3.5 beschrieben, über den GFP-*tag* aufgereinigt. Die Bedingungen des Experimentes wurden dabei so gewählt, dass LSH3-interagierende Proteine mit aufgereinigt wurden. Die Ergebnisse dieser Ko-Immunopräzipitation (Ko-IP) sind in Abbildung 21 dargestellt.

In Abbildung 21 war eine intensive Bande für die Ko-IP mit GFP bei 30 kDa zu erkennen, was in etwa einem GFP-Monomer entsprach. Dies zeigte, dass die Aufreinigung über die Kügelchen mit gekoppeltem GFP-Antikörper funktioniert hat. Neben der GFP-Bande war eine weitere Bande bei etwa 60 kDa zu erkennen. Die gleiche Bande konnte auch bei den Versuchen mit GFP:LSH3 detektiert werden. Daher ist davon auszugehen, dass dieses Protein keine spezifische Interaktion mit LSH3 eingehen kann. Auch für GFP:LSH3 konnte eine intensive Bande detektiert werden (Abbildung 21). Zusätzlich wurde eine Bande bei etwa 34 kDa identifiziert, die in dem Experiment mit GFP nicht zu sehen war. MALDI-MS Analysen (Dr. Christoph Weise; Institut für Biochemie, FU-Berlin) konnten für diese Bande kein Arabidopsis Protein nachweisen. Die Ko-IP-Experimente lieferten daher keine Daten über potentielle Interaktionspartner von GFP:LSH3.

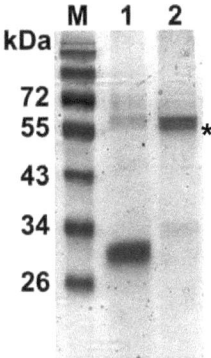

Abbildung 21: Identifikation von potentiellen LSH3-Interaktionspartnern durch Ko-Immunopräzipitation von GFP:LSH3. Die Ko-Immunopräzipitation von GFP (1) bzw. GFP:LSH3 (2) wurde wie unter Abschnitt 2.3.5 beschrieben durchgeführt. Je 20 µl der aufgekochten Proben wurden auf ein 10%-iges SDS-Gel aufgetragen (siehe 2.3.3). Das GFP:LSH3-*full-length*-Protein ist mit einem Stern gekennzeichnet. Die hier gezeigten Experimente wurden zweimal durchgeführt, mit jeweils vergleichbaren Ergebnissen. Als Größenstandard wurden 5 µl der *PageRuler™ Prestained Protein Ladder* (Fermentas, St. Leon-Rot) einsetzt (M).

3.4 *In planta*-Analyse der *LSH3*-Funktion

In den vorangegangenen Abschnitten konnte für *LSH3* eine reprimierende Funktion auf die Typ-B ARR ARR1 und ARR2 gezeigt werden. Diese Analysen beschränkten sich bisher jedoch auf transiente *in vivo*-Systeme. In den folgenden Experimenten sollte die Funktion von *LSH3* im Modellorganismus *Arabidopsis thaliana* näher charakterisiert werden.

3.4.1 Expressionsanalyse des *LSH3*-Gens

Zunächst wurde untersucht, in welchen Geweben von Arabidopsis *LSH3* exprimiert ist. Dazu wurde die RNA aus Blättern, Blüten, Wurzeln und Stängeln isoliert und für eine qRT-PCR-Analyse aufbereitet. Die relative Transkriptmenge von *LSH3* in den untersuchten Geweben ist in Abbildung 22 zu sehen. Im Vergleich zur Expression in den Blättern wurde *LSH3* etwa 50-mal stärker in den Stängeln exprimiert. Die zweit- und drittstärkste Expression konnte in den Wurzeln mit 30-fach und den Blüten mit 20-fach erhöhtem Transkriptlevel beobachtet werden. Zusammengefasst wurde für *LSH3* eine besonders schwache Expression in Blättern detektiert, während die Expression in den Stängeln besonders hoch war.

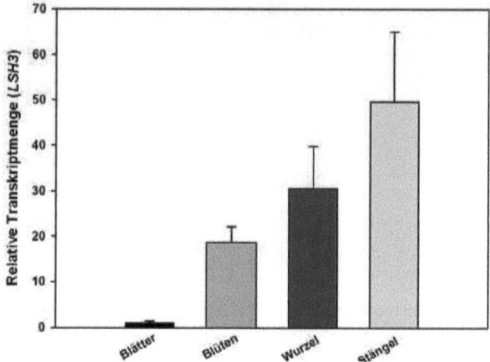

Abbildung 22: Analyse der *LSH3*-Transkriptmengen in verschiedenen Geweben von Arabidopsis mittels qRT-PCR. Die RNA aus Blättern, Blüten, Wurzeln und Stängeln wurde isoliert und zur Analyse mittels qRT-PCR (siehe 2.2.10) weiter aufbereitet. Der Graph stellt die relative *LSH3*-Transkriptmenge im Vergleich zur Menge an *LSH3*-Transkript in den Blättern dar.

Da die Funktion von *LSH3* durch die Zugabe von Cytokinin im PTA zumindest teilweise aufgehoben werden konnte, sollte untersucht werden, ob *LSH3* durch Cytokinin reguliert wird. Dafür wurde die RNA aus sieben Tage alten Arabidopsis-Keimlingen ohne und mit Induktion durch Cytokinin isoliert und für eine qRT-PCR-Analyse aufbereitet. In der Abbildung 23 sind die Ergebnisse der qRT-PCR grafisch dargestellt. Als Induktionskontrolle wurde die Transkriptmenge von *ARR6* bestimmt. Nach der 30-minütigen Induktion mit 5 nM *trans*-Zeatin (*tZ*) war eine deutliche Erhöhung der *ARR6*-Transkriptmenge zu erkennen (Abbildung 23). In dem gleichen experimentellen Ansatz wurde ebenfalls die Transkriptmenge von *LSH3* analysiert. Das Expressionsniveau von *LSH3* zeigte keine Veränderung nach der Induktion mit *trans*-Zeatin (Abbildung 23). Dies deutet darauf hin, dass *LSH3* auf transkriptioneller Ebene nicht durch Cytokinin reguliert wird.

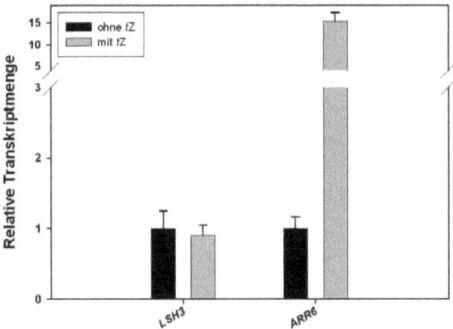

Abbildung 23: Analyse der Transkriptmengen von *LSH3* und *ARR6* ohne und mit Zugabe von Cytokinin mittels qRT-PCR. Arabidopsis-Keimlinge wurden, wie unter 2.1.4.3 beschrieben, für sieben Tage wachsen gelassen und anschließend für jeweils 30 min ohne und mit Zugabe von 5 nM *trans*-Zeatin (*tZ*) inkubiert. Nach der Extraktion und Aufreinigung der RNA wurden gleiche Mengen für die cDNA-Synthese eingesetzt. Die relativen Transkriptmengen von *LSH3* und *ARR6* nach der Induktion mit Cytokinin wurden mit denen ohne Induktion verglichen.

3.4.2 Identifikation einer *lsh3*-Knockoutlinie

Für die weitere Charakterisierung der Funktion von *LSH3* in der Pflanze wurde nach Knockout-Linien gesucht. Zum Zeitpunkt der Recherchen konnte nur eine SALK-Linie als potentieller Knockout identifiziert werden (SALK_123953). Bei dieser Linie (von hier an *lsh3-1* genannt) handelte es sich um eine T-DNA-Insertionslinie mit einer Insertion im Promotor von *LSH3* (Abbildung 24 A).

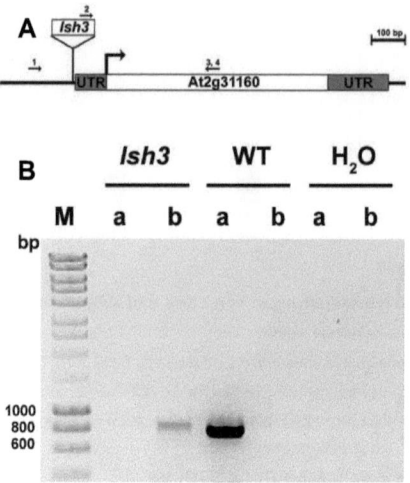

Abbildung 24: Identifizierung und Verifizierung eines *LSH3*-Knockouts. (A) Schematische Darstellung der T-DNA-Insertion der SALK_123953 Linie im Promotor von *LSH3*. Die Lage der Primer zur Detektion des Wildtyp-Gens (1+3) und der T-DNA-Insertion (2+4) sind mit Pfeilen gekennzeichnet. **(B)** Ergebnisse des Tests auf homozygote Insertion der T-DNA im Promotor von *LSH3*. Die genomische DNA von WT-und *lsh3-1*-Pflanzen wurde isoliert und mittels PCR auf genomisches *LSH3* (a) bzw. die Insertion der T-DNA untersucht (b). Als Größenstandard wurden 2 µl *Hyperladder* I eingesetzt (Bioline, Luckenwalde).

Zunächst wurde nach homozygoten Pflanzen gesucht. Dafür wurde die genomische DNA von WT- und *lsh3-1*-Pflanzen isoliert und in PCR-Reaktionen eingesetzt. Zur Identifizierung wurden Primerpaare gewählt, die zum einen ein genomisches Fragment von *LSH3* und zum anderen die T-DNA-Insertion detektierten (Abbildung 24 A). In Abbildung 24 B ist zu erkennen, dass nur der *lsh3*-Knockout ein Amplifikat für die T-DNA-Insertion zeigte. Da gleichzeitig ein Amplifikat für das genomische *LSH3*-Fragment ausblieb, welches bei der WT-Kontrolle deutlich zu erkennen war, konnte diese Linie als homozygote T-DNA-Insertionslinie weiter verwendet werden.

Bei dem *lsh3-1*-Knockout handelte es sich um eine Insertion im Promotor (6 bp vor der 5'-UTR) von *LSH3*. Daher bestand die Möglichkeit, dass die Insertion zu keinem vollständigen Verlust der Genaktivität führt. Um zu bestimmen, wie sich die T-DNA-Insertion auf die *LSH3*-Transkriptmenge auswirkt, wurden Expressionanalysen in vier genetisch identischen Geschwisterpflanzen der homozygoten T-DNA Insertionslinie durchgeführt. Da *LSH3* in den Stängeln am stärksten exprimiert wird, wurden diese Pflanzen zusammen mit dem Wildtyp unter Langtagbedingungen wachsen gelassen und fünf Wochen nach der Aussaat die RNA aus den Stängeln extrahiert. In den Ergebnissen der qRT-PCR in Abbildung 25 ist zu erkennen, dass keine der getesteten Pflanzen einen vollständigen Verlust des *LSH3*-Transkriptes zeigte. Zwei der vier untersuchten *lsh3-1* Pflanzen (# 1 und # 4) zeigten keine wesentlichen Veränderungen im *LSH3*-Transkriptlevel verglichen mit dem des WT. Eine der Pflanzen (# 2) wies ein um etwa 50% reduziertes Level an *LSH3*-Transkript auf. Für die letzte analysierte Pflanze (# 3) wurde keine Reduzierung, sondern eine deutliche Erhöhung des *LSH3*-Transkriptes festgestellt (Abbildung 25).

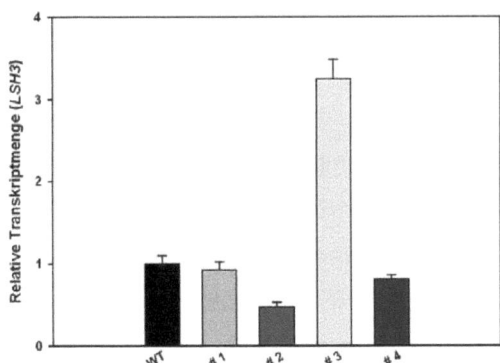

Abbildung 25: Genexpressionsanalyse von *LSH3* in vier Geschwisterpflanzen des homozygoten *lsh3-1*-Knockouts. Von vier Pflanzen des *lsh3-1*-Knockouts sowie einer WT-Pflanze wurde die RNA aus den Stängeln extrahiert und für die *real-time* PCR (siehe 2.2.10) aufbereitet. Die Pflanzen waren zuvor fünf Wochen lang unter Langtagbedingungen gewachsen. Die relativen *LSH3*-Transkriptmengen in den *lsh3-1* Pflanzen wurden mit dem des WT verglichen.

Obwohl homozygote T-DNA-Insertionslinien (Abbildung 24 B) identifiziert wurden, konnte weiterhin *LSH3*-Transkript nachgewiesen werden. Aus diesem Grund wurde auf weitere Analysen der *lsh3-1*-Pflanzen verzichtet.

3.4.3 Charakterisierung von *LSH3*-überexprimierenden Pflanzen

Für die weitere Charakterisierung von *LSH3* wurde dessen Funktion anhand von konstitutiv überexprimierenden Pflanzen untersucht. Zunächst wurde versucht LSH3 als ungetagte Variante mit einem *35S:LSH3*-Konstrukt in Arabidopsis zu transformieren. Auch nach mehrfacher Transformation konnten für dieses Konstrukt keine primären Transformanden identifiziert werden. Daher sollten die GFP-getagten LSH3-Fusionskonstrukte aus Abschnitt 3.3.3 in das Genom von Arabidopsis integriert werden. Um zu überprüfen, ob in diesen Konstrukten nicht nur GFP, sondern auch LSH3 funktionell ist, wurden die Konstrukte in PTA-Versuchen getestet. Die Ergebnisse zeigten eine deutliche Transaktivierung des *ARR6*-Promotors durch ARR1, die durch Zugabe von Cytokinin verstärkt wurde (Abbildung 26). Dies und die Resultate der Experimente ohne einen Effektor zeigten deutlich, dass die Induktion mit *trans*-Zeatin erfolgreich war. Sowohl die gleichzeitige Expression von LSH3 als auch die von GFP:LSH3 zusammen mit dem Reporterkonstrukt hatten keine Auswirkungen auf die *ARR6*-Transaktivierung. Auch in diesen PTAs konnte der reprimierende Effekt von LSH3 auf die ARR1-Transaktivierung des *ARR6*-Promotors beobachtet werden. Allerdings fiel dieser in diesen Experimenten mit etwa 20% deutlich schwächer aus als in vorangegangenen Untersuchungen. Die Zugabe von Cytokinin resultierte in einem kompletten Verlust der LSH3-abhängigen Repression von ARR1. Ähnliche Ergebnisse wurden mit dem *GFP:LSH3*-Konstrukt erzielt (Abbildung 26). Allerdings zeigte dieses Konstrukt eine stärkere Repression der ARR1-Transaktivierung (ca. 45%), als die ungetagte

LSH3-Version. Nach der Induktion durch Cytokinin konnte eine fast vollständige Reversion der ARR1-Reprimierung beobachtet werden. Ähnliche Resultate wurden ebenfalls in PTAs mit dem *GFP:LSH3*-Konstrukt und einer N-terminal GFP-ge*tag*ten Variante von ARR1 erzielt (Daten nicht gezeigt). Die Ergebnisse der hier erläuterten PTAs deuten auf ein funktionelles *35S::GFP:LSH3*-Konstrukt hin. Daher sollte dieses Konstrukt für die Erzeugung von überexprimierenden Arabidopsis-Pflanzen weiterverwendet werden.

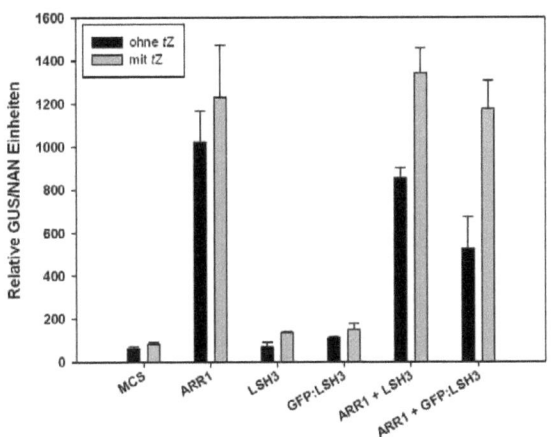

Abbildung 26: Untersuchung der Funktionalität des N-terminal ge*tag*ten GFP:LSH3-Konstruktes in PTA-Analysen. Mesophyllprotoplasten von Arabidopsis wurden sowohl mit dem -220 bp-Fragment des *ARR6*-Promotors als auch den Effektorplasmiden transformiert. Nach 18 h Inkubation bei 21°C wurde die Stärke der Transaktivierung des Promotors gemessen und mit der Transformationskontrolle 35S::NAN normalisiert. Der Effekt wurde ohne und mit Zugabe von 500 nM *trans*-Zeatin (*tZ*) bestimmt. Die hier abgebildeten Ergebnisse stellen das Mittel von drei biologischen Replikaten dar (n=3).

3.4.3.1 Phänotypische Analyse der *LSH3*-Überexprimierer

Die Transformation der *35S::GFP:LSH3*-Konstrukte in *Arabidopsis thaliana* wurde wie in Abschnitt 2.2.2 beschrieben durchgeführt. Anschließend erfolgte eine Selektion nach positiven Transformanden über die im Vektor kodierte BASTA™ Resistenz. Nach der Selektion von sieben Primärtransformanden und sich daran anschließender Selektion von Einzelinsertionslinien wurden zwei unabhängige homozygote Linien für weitere Analysen ausgewählt und propagiert. Jeweils zwei Pflanzen der unabhängigen *35S::GFP:LSH3*-Linien wurden hinsichtlich der *LSH3*-Transkripmenge untersucht. Die Analysen zeigten, dass in beiden Linien ein stark erhöhtes Niveau an *LSH3*-Transkript vorlag (Abbildung 27). Auch innerhalb der unabhängigen Linien wiesen die jeweils zwei getesteten Pflanzen eine ähnliche *LSH3*-Expression auf. Als Kontrolle wurde die Expression von *LSH3* in einer *35S::GFP*-überexprimierenden Linie untersucht. In dieser Linie konnte keine Veränderung der *LSH3*-Transkriptmenge detektiert werden (Abbildung 27). Von den *LSH3*-überexprimierenden Linien und von WT wurden jeweils 10 Samen auf Erde ausgelegt und zum Zwecke der Synchronisation der Keimung für 72 h bei 4°C stratifiziert.

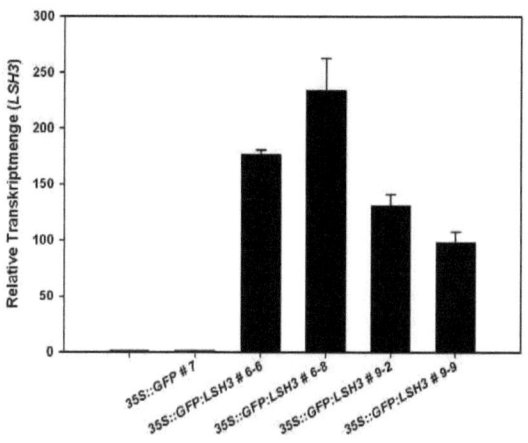

Abbildung 27: Analyse der *LSH3*-Transkriptmengen in *LSH3*-überexprimierenden Pflanzen. Die RNA von zwei *35S::GFP:LSH3* T3-Linien wurde zusammen mit der des WT und einer *35S::GFP*-Kontrolllinie, wie im Abschnitt 2.2.9 erläutert, aus 7 Tagen alten Keimlingen extrahiert und in *real-time*-Analysen eingesetzt. Die relativen *LSH3*-Transkriptmengen der untersuchten Linien wurden mit denen des WT verglichen.

Nach 3 Tagen Stratifizierung und weiteren 29 Tagen Wachstum unter Langtagbedingungen wurden die Pflanzen fotografiert (Abbildung 28). Beide *35S::GFP:LSH3*-Linien zeigten weder zum Zeitpunkt des Fotos, noch in früheren Entwicklungsphasen offensichtliche Unterschiede gegenüber dem WT. Auch die in früheren Untersuchungen gefundenen morphologischen Veränderungen der Blütenorgane (Takeda *et al.*, 2011) konnte in keiner der unabhängigen Linien beobachtet werden. Allerdings waren die beschriebenen Abwandlungen mit etwa 25% sehr selten und daher ist es möglich, dass sie in der hier verwendeten kleinen Stichprobenzahl (n=10) nicht in Erscheinung traten. Des Weiteren wurde bei Takeda und Kollegen, unter Verwendung des RPS5A-Promotors, *LSH3* spezifisch im Sprossapex überexprimiert (Takeda *et al.*, 2011), während in meinen Untersuchungen der 35S-Promotor des *cauliflower mosaic virus* (CaMV) verwendet wurde, was zu einer ubiquitären Expression von *LSH3* führt.

Die *35S::GFP:LSH3*-Linien zeigten keine offensichtlichen phänotypischen Veränderungen im Vergleich zum WT. In den PTA Analysen konnte gezeigt werden, dass Cytokinin die LSH3-abhängige Reprimierung von ARR1 zumindest teilweise aufheben kann. In pflanzlichen Bioassays sollte untersucht werden, ob *LSH3* einen cytokininsensitiven Phänotyp hat. Dazu wurden die *35S::GFP:LSH3*-Linien in einem Wurzelassay untersucht (siehe Abschnitt 2.5.3).

Abbildung 28: Phänotypischer Vergleich von *35S::GFP:LSH3*-Linien mit dem WT. Samen des WT und der *35S::GFP:LSH3*-Linien wurden auf Erde ausgelegt und die resultierenden Pflanzen nach 32 Tagen fotografiert. Um Unterschiede in der Keimung auszugleichen, wurden zuvor alle Samen für 72 h bei 4°C stratifiziert.

Samen beider transgener Linien und vom WT wurden unter sterilen Bedingungen auf MS-Platten ausgesät, diese acht Tage lang vertikal inkubiert und anschließend die Anzahl der Lateralwurzeln aller Linien bestimmt. In Abbildung 29 A kann man gut den inhibitorischen Effekt von Cytokinin auf die Lateralwurzelentwicklung sehen. Der WT hatte bei einer Cytokininkonzentration von 10 nM BA nur noch etwa 65% so viele Lateralwurzeln im Vergleich zu unbehandelten Wildtyp-Pflanzen (Abbildung 29 A). Beide transgenen *35S:GFP:LSH3*-Linien zeigten bereits ohne Zugabe von Cytokinin eine deutlich geringere Anzahl an Lateralwurzeln im Vergleich zum WT. Durch die Zugabe von 10 nM BA konnte auch bei diesen Linien eine weitere Reduktion in der Anzahl der Lateralwurzeln detektiert werden (Abbildung 29 A). Dabei war die relative Stärke des Cytokinineffektes vergleichbar mit dem im WT gemessenen. Sowohl beim WT als auch den transgenen Linien konnten bei einer Konzentration von 50 nM BA keine Lateralwurzeln mehr identifiziert werden (Daten nicht gezeigt).

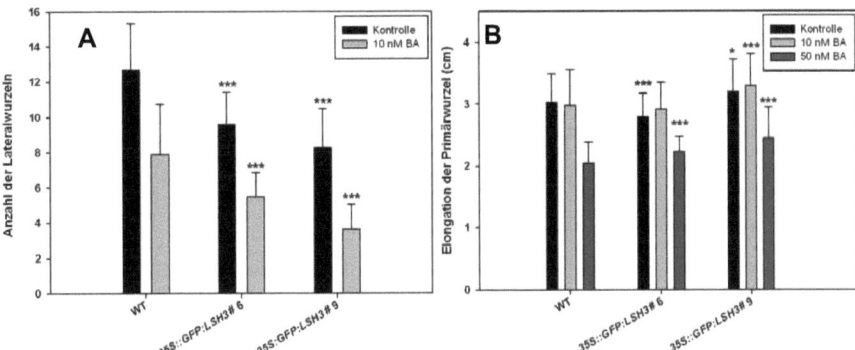

Abbildung 29: Einfluss von Cytokinin auf die Anzahl der Lateralwurzeln und die Elongation der Primärwurzel in 35S::GFP:LSH3-überexprimierenden Pflanzen. (A) Bestimmung der Cytokininsensitivität bei der Lateralwurzelentwicklung. Die Anzahl der Lateralwurzeln wurde von Keimlingen bestimmt, welche zuvor acht Tage auf vertikalen Platten, ohne und mit Zugabe von Cytokinin, gewachsen waren. (B) Bestimmung der Cytokininsensitivität bei der Primärwurzelelongation. Nach der Keimung wuchsen die Pflanzen acht Tage mit unterschiedlichen Cytokininkonzentrationen auf vertikalen Platten, bevor die Elongation der Primärwurzel zwischen dem dritten und achten Tag bestimmt wurde. Die hier abgebildeten Ergebnisse stellen das Mittel von drei biologischen Replikaten dar (n=3). Das Signifikanzniveau wurde mittels t-Test berechnet und auf den Wildtyp bezogen *, $p < 0,05$; ***, $p < 0,001$.

Diese Ergebnisse deuteten darauf hin, dass die ektopische Überexpression von *LSH3* zu einer reduzierten Anzahl an Lateralwurzeln führt. Des Weiteren zeigte sich, dass die *35S::GFP:LSH3*-Linien keine veränderte Sensitivität gegenüber Cytokinin bei der Lateralwurzelbildung aufzeigen. Gleichzeitig zeigten die transgenen Linien eine veränderte Sensitivität gegenüber Cytokinin bei der Elongation der Primärwurzel (Abbildung 29 B). Auffallend bei den Ergebnissen aus Abbildung 29 B ist, dass erst ab einer Konzentration von 50 nM BA eine Reduktion der Elongation der Primärwurzel sowohl bei den transgenen Linien als auch dem WT beobachtet werden konnte. In früheren Studien konnte gezeigt werden, das der Effekt bereits bei 10 nM BA einsetzt (Ramireddy, 2009). Da die beiden Wurzelassays aus Abbildung 29 zur gleichen Zeit und mit den gleichen Pflanzen durchgeführt wurden, konnte anhand der Ergebnisse zur Bestimmung der Cytokininsensitivität bei der Lateralwurzelentwicklung, die Funktionalität des Cytokinins gezeigt werden. Was die schlechtere Antwort auf Cytokinin bei der Elongation der Primärwurzel auslöste, konnte nicht bestimmt werden. Dennoch ist zu erkennen, dass der WT eine deutliche Reduktion in der Primärwurzellänge bei 50 nM BA zeigte (Abbildung 29 B). Die *35S::GFP:LSH3*-Linien zeigten ohne und mit 10 nM BA widersprüchliche Ergebnisse. Während die *35S::GFP:LSH3*-Linie # 6 ohne Cytokinin eine signifikant kürzere Primärwurzel hatte, die bei 10 nM BA weiterhin kürzer war als beim WT, aber nicht mehr signifikant, wurde für die Linie # 9 in beiden Fällen eine signifikant längere Primärwurzel detektiert (Abbildung 29 B). Bei einer Konzentration von 50 nM BA zeigten beide Linien eine längere Primärwurzel als der WT, was auf eine erhöhte Cytokinin-Insensitivität hindeutet.

Zusammengefasst konnten für die beiden transgenen Linien nur bei einer Konzentration von 50 nM BA einheitliche Ergebnisse erzielt werden. Um die Frage nach der Cytokininsensitivität bei der Elongation der Primärwurzel zu klären, sollten die Experimente wiederholt und ggf. mit weiteren unabhängigen Linien komplettiert werden.

3.4.3.2 *LSH3*, ein negativer Regulator der Keimung

Microarray-Untersuchungen zeigten eine Induktion der *LSH3*-Tranksriptmengen nach Behandlung mit Paclobutrazol, einem Inhibitor der Gibberellinbiosynthese. Des Weiteren konnte eine Verminderung der Genexpression von *LSH3* nach Zugabe von Gibberellin gezeigt werden (Genvestigator Datenbank, (Hruz *et al.*, 2008). Beide Daten deuten auf eine Verbindung von LSH3 mit dem Gibberellinsignalweg hin und sollte weiter nachgegangen werden. Dazu wurden WT-Keimlinge mit 100 µM GA_3, einem bioaktivem Gibberellin, für 1 h, 3 h und 16 h inkubiert. Die Veränderung in der Transkriptmenge von *LSH3* wurde anschließend mittels quantitativer *real-time*-PCR untersucht. Als Induktionskontrolle wurde *GA20ox2*, ein Gibberellinsynthesegen, das durch Gibberellin herunterreguliert wird, verwendet. Für die Induktionskontrolle war nach einer Stunde eine leichte und nach 16 h eine deutliche Reduktion des Transkriptlevels zu erkennen (Abbildung 30).

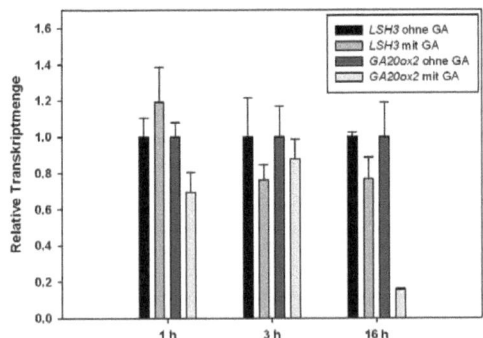

Abbildung 30: Genexpressionsanalyse von LSH3 ohne und mit Zugabe von Gibberellin mittels qRT-PCR.
Für die Analysen wurden 7 Tage alte Arabidopsis-Keimlinge mit 100 μM GA$_3$ für 1 h, 3 h und 16 h inkubiert und anschließend die RNA extrahiert. Die relativen Transkriptmengen wurden sowohl von *LSH3* als auch von der Induktionskontrolle *GA20ox2*, mit den uninduzierten Proben verglichen.

Die Induktion für eine Stunde mit Gibberellin führte für *LSH3* zu keiner Veränderung der Transkriptmenge. Nach drei Stunden Induktion mit GA$_3$ konnte eine leichte Reduktion in der *LSH3*-Transkriptmenge detektiert werden, die bis zum 16 h-Zeitpunkt unverändert blieb (Abbildung 30).
Ein weiterer Indikator für eine Funktion im Gibberellinsignalweg ist die Keimung. In früheren Experimenten konnte bereits gezeigt werden, dass sowohl Gibberellin als auch Cytokinin eine Rolle bei der Keimung spielen (Greenboim-Wainberg *et al.*, 2005).

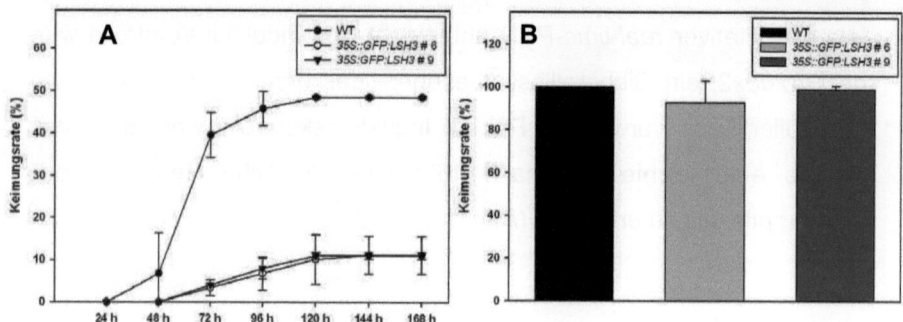

Abbildung 31: Analyse der Keimungsrate der *35S::GFP:LSH3*-Linien auf Medium mit und ohne Paclobutrazol. Samen der transgenen Linien und vom WT wurden sterilisiert, auf Medium ausgelegt und sofort vertikal unter Langtagbedingungen inkubiert. Die Anzahl der gekeimten Samen wurde in Abständen von 24 h gezählt. **(A)** Keimungsrate von 24 – 168 h auf Medium mit 3 mM Paclobutrazol, einem Inhibitor der Gibberellinbiosynthese. **(B)** Kontrolle der Keimung auf Medium ohne Paclubotrazol nach 96 h.

Nachdem die Samen der transgenen Linien zusammen mit denen des WT sterilisiert worden waren, wurden sie auf Platten ohne und mit verschiedenen Konzentrationen von Paclubotrazol (PAC) ausgelegt und sofort unter Langtagbedingungen inkubiert. Paclobutrazol ist ein Inhibitor der Gibberellinbiosynthese und führt zu einer schlechteren Keimungsrate beim WT (Greenboim-Wainberg *et al.*, 2005). Die Analysen zeigten eine schlechtere und verzögerte Keimung beim WT mit steigender Konzentration an PAC (Daten nicht gezeigt). Im Vergleich zum WT wurde für die *LSH3*-Überexprimierer eine deutlich schlechtere Keimungsrate bei allen getesteten PAC-Konzentrationen (3, 10 und 30 µM) beobachtet. In der Abbildung 31 A sind die Ergebnisse exemplarisch für eine Konzentration von 3 µM PAC dargestellt. Die beiden untersuchten Linien von *35S::GFP:LSH3* wiesen bei dieser PAC-Konzentration eine nahezu identisch geringere Keimungsrate im Vergleich zum WT auf. Um zu testen, ob diese Linien generell in ihrer Keimung beeinträchtig sind, oder ob der Effekt PAC-spezifisch ist, wurde die Keimungsrate auf Medium ohne PAC analysiert. Für keine der beiden transgenen Linien konnte ein signifikanter Unterschied bei der Keimung gegenüber dem WT festgestellt werden (Abbildung 31 B).

3.4.3.3 Untersuchung der reprimierenden Funktion von *LSH3* auf *ARR1 in planta*

In den vorangegangenen Abschnitten konnte gezeigt werden, dass LSH3 einen regulatorischen Effekt auf die Transaktivierung von ARR1 hat. Wenn dies auch in der Pflanze so ist, so müsste die Überexpression von *LSH3* eine Reduktion der Transaktivierungskapazität von ARR1 zur Folge haben. Um dies zu untersuchen, wurden sowohl die N- als auch die C-terminal ge*tag*te GFP-Variante von *LSH3* in der *arr10arr12-*Doppelmutante überexprimiert. Ein Verlust der ARR1-Funktion würde eine Phänokopie der *arr1arr10arr12-*Mutante verursachen.

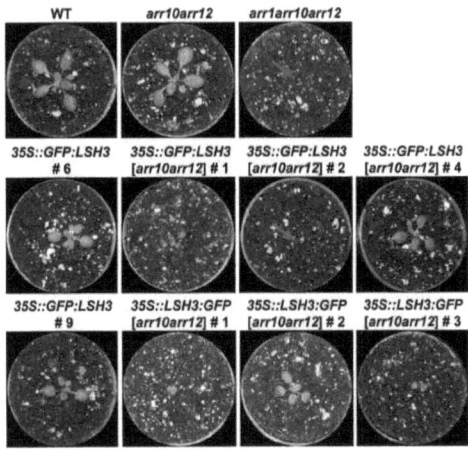

Abbildung 32: Phänotypische Analyse der *LSH3*-Überexpression in der *arr10arr12*-Doppelmutante. Die N- und C-terminalen GFP-Fusionen von *LSH3* wurden in die *arr10arr12*-Doppelmutante transformiert. Homozygote T3-Samen wurden auf Erde ausgelegt, für 72 h stratifiziert und die resultierenden Pflanzen nach 14 Tagen fotografiert. Als Kontrollen wurden der WT, die *35S::GFP:LSH3*-Pflanzen im WT-Hintergrund, und die *arr10arr12-* sowie die *arr1arr10arr12*-Mutanten ausgelegt.

Nach der Transformation in Arabidopsis wurden mit Hilfe des im Vektor kodierten Resistenzgens Phosphinothricin (PPT) Primärtransformanden selektiert. Einige dieser selektierten Linien zeigten eine Phänotyp der sich dadurch äußerte, dass diese Linien ein langsameres und reduziertes Wachstum zeigten. Jeweils drei Linien dieser N- und C-terminalen GFP-Fusionen wurden ausgewählt, bis in die homozygote Generation weiter propagiert und phänotypisch charakterisiert. Die Samen dieser Linien wurden zusammen mit den Kontrollen auf Erde ausgelegt, für 72 h stratifiziert und nach 14 Tagen fotografiert. Zu erkennen war, das die *arr10arr12*-Mutante keine morphologischen Unterschiede zum Wildtyp aufwies (Abbildung 32). Nach der Transformation der GFP-Konstrukte in die *arr10arr12*-Mutante konnte eine Reduktion im Rosettendurchmesser in den transgenen Linien im Vergleich zur *arr10arr12*-Mutante beobachtet werden. Ein besonders starker Phänotyp wurde dabei in der Linie *35S::GFP:LSH3* #2 im *arr10arr12*-Hintergrund beobachtet (Abbildung 32). Pflanzen dieser Linie zeigten, ähnlich der *arr1arr10arr12*-Dreifachmutante, ein extrem schlechtes Wachstum und kamen nicht über dieses Stadium der Entwicklung hinaus. Eine Propagierung dieser Linie war, genauso wie bei der *arr1arr10arr12*-Mutante, nur durch eine vorangegangene *in vitro*-Kultivierung möglich (Daten nicht gezeigt). Zu diesem Zeitpunkt der Entwicklung konnten keine Unterschiede zwischen den N- und C-terminalen GFP-Fusionen beobachtet werden. Die schwächsten Phänotypen aller Linien zeigte die Linie *35S::GFP:LSH3* #4.

In der Abbildung 33 A ist die Entwicklung der transgenen Pflanzen 28 Tage nach der Aussaat festgehalten. Die *arr10arr12*-Mutante zeichnete sich durch eine reduzierte Sprosshöhe im Vergleich zum WT aus. Sowohl die *35S::GFP:LSH3*-Linie # 6 als auch die Linie # 9 zeigten keine morphologischen Unterschiede zum WT (Abbildung 33 A).

Die *LSH3*-überprimierenden Linien im *arr10arr12*-Hintergrund zeichneten sich durch einen sehr starken Zwergwuchs aus. Des Weiteren wiesen diese Linien einen reduzierten Rosettendurchmesser im Vergleich zu der *arr10arr12*-Mutante auf, was im weiteren Verlauf der Entwicklung in einer dichten, buschigen Rosette mit gewellten bzw. aufgerollten Rosettenblättern resultierte. Die transgenen Linien bildeten Schoten, die mit Samen gefüllt waren, wobei die Gesamtmenge der Samen pro Pflanze deutlich geringer war als die der *arr10arr12*-Mutante. Es sei anzumerken, dass die hier erwähnten Phänotypen ausschließlich durch Beobachtungen ermittelt wurden und nicht quantifiziert worden sind. Eine Ausnahme zu den zuvor beschriebenen transgenen Linien stellte die *35S::GFP:LSH3[arr10arr12]*-Linie #4 dar, die interessanterweise einen WT-ähnlichen Phänotyp aufwies. Mit Ausnahme dieser Linie, konnte für alle anderen *LSH3*-überprimierenden GFP-Fusionskonstrukte ein GFP-Signal in der T1 detektiert werden (Abbildung 33 B).

Abbildung 33: Phänotypische Analyse der *LSH3*-Überexpression in der *arr10arr12*-Doppelmutante 28 Tage nach der Aussaat. (A) Homozygote T3 Samen der *35S::GFP:LSH3[arr10arr12]* bzw. *35S::LSH3:GFP[arr10arr12]* wurden 28 Tage nach der Aussaat fotografiert. Als Kontrollen wurden der WT, die *35S::GFP:LSH3*-Pflanzen mit WT-Hintergrund, und die *arr10arr12*- sowie die *arr1arr10arr12*-Mutanten ausgelegt. **(B)** Detektierte GFP-Fluoreszenz der entsprechenden T1-Transformanden.

3.5 Aufklärung des Mechanismus der *ARR1*-Reprimierung durch *LSH3*

In den vorangegangenen Abschnitten konnte gezeigt werden, dass LSH3 einen regulatorischen Einfluss auf die Transaktivierung des *ARR6*-Promotors durch ARR1 hat. Bisher konnte nicht geklärt werden, durch welchen Mechanismus dies geschieht. Die GRAs aus Abschnitt 3.3.3 deuten darauf hin, dass LSH3 nicht an die *ARR6*-Promotor-DNA binden kann. Des Weiteren konnte auch keine direkte Interaktion mit ARR1 in *yeast two-hybrid*-Untersuchungen festgestellt werden (siehe Abschnitt 3.3.4).

3.5.1 Die Reprimierung von ARR1 findet nicht auf transkriptioneller Ebene statt

Eine weitere Möglichkeit, wie LSH3 die Aktivität von ARR1 regulieren könnte, liegt in der Modulation der Transkriptmenge von *ARR1*. Wäre dies der Fall, müsste die Menge an *ARR1*-Transkript in den *LSH3* überexprimierenden Linien im Vergleich zum WT verändert sein. *Real-time*-Analysen der *35S::GFP:LSH3*-Linie #6 und #9 zeigten keine Veränderung der *ARR1*-Transkriptmenge im Vergleich zum Wildtyp (Abbildung 34).

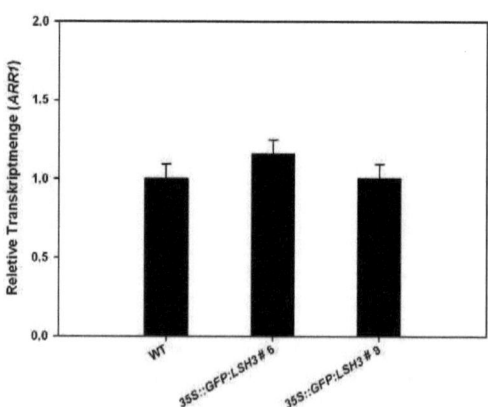

Abbildung 34: Analyse der *ARR1*-Transkriptmenge in *LSH3* überexprimierenden Pflanzen. Keimlinge der transgenen Pflanzen und des WT wurden in Flüssigkultur für 6 Tage inkubiert. Die Menge an *ARR1*-Transkript wurde mittels qRT-PCR bestimmt und mit der des WT verglichen.

Da LSH3 keinen Einfluss auf transkriptioneller Ebene auf ARR1 auszuüben scheint, sollte untersucht werden, ob eine Regulation auf Proteinebene stattfindet. Eine direkte Proteininteraktion konnte durch die *yeast two-hybrid*-Untersuchungen nicht gezeigt werden, was eine indirekte Regulation wahrscheinlich erscheinen ließ. Es wäre zum Beispiel möglich, dass LSH3 die Proteinstabilität von ARR1 beeinflusst. Um dies näher zu untersuchen, wurden PTA-Analysen mit *LSH3*, *ARR1* und MG132, einem Inhibitor des 26S-Proteasoms, durchgeführt. Ohne MG132 konnte dasselbe Muster der Transaktivierung des *ARR6*-Promotors sowohl für ARR1 als auch LSH3 wie zuvor beobachtet werden (Abbildung 35). MG132 blockiert den proteasomabhängigen Proteinabbau und führt somit zu einer Anreicherung der durch diesen Signalweg degradierten Proteine. Nach Zugabe von MG132 verstärkte sich die ARR19-abhängige Promotoraktivierung. Dies deutet darauf hin, dass aufgrund des reduzierten Proteinabbaus mehr ARR19 Protein für die Aktivierung des *ARR6*-Promotors vorlag. Dementsprechend ist zu vermuten, dass ARR19 durch das 26S-Proteasom abgebaut wird.

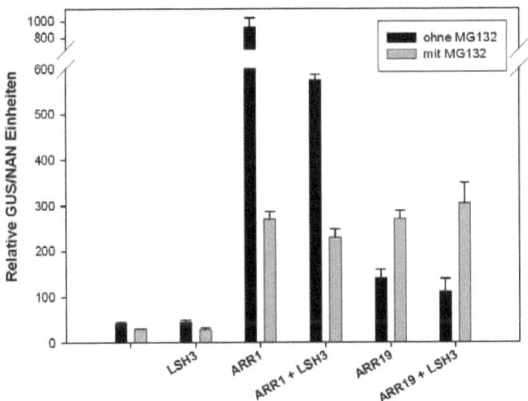

Abbildung 35: Auswirkung des Proteasominhibitors MG132 auf die *ARR6*-Promotoraktivierung durch ARR1, ARR19 sowie LSH3. Arabidopsis-Mesophyllprotoplasten wurden mit dem -350 bp-Fragment des *ARR6*-Promotors und verschiedenen Effektoren transformiert. Die Stärke der Transaktivierung des Promotors durch ARR1, ARR19 oder LSH3 wurde jeweils nach 18 h Inkubation ohne und mit MG132 untersucht. Die hier abgebil-

deten Ergebnisse stellen das Mittel von drei biologischen Replikaten dar (n=3).

Interessanterweise konnte für ARR1 ein solches Verhalten nicht beobachtet werden. Nach der Inkubation mit MG132 reduzierte sich die Transaktivierung des *ARR6*-Promotors drastisch (Abbildung 35). Auch die gleichzeitige Überexpression von LSH3 führte zu keiner Veränderung in der Promotoraktivierung. Die Behandlung mit MG132 resultierte in entgegengesetzten Ergebnissen für ARR1 und ARR19, was darauf hindeutet, dass ARR1 nicht über das 26S-Proteasom abgebaut wird. Sowohl die Behandlung mit MG132 als auch die Überexpression von *LSH3* führten zu einer Reduktion der Transaktivierungskapazität von ARR1.

3.5.2 Identifikation von LSH3 Interagierenden Proteinen

Die PTA-Ergebnisse aus Abbildung 35 weisen auf die Beteiligung eines weiteren Repressors der *ARR6*-Transaktivierung durch ARR1 hin. Es wäre möglich, dass der Repressor durch das 26S-Proteasom abgebaut wird und nach der Blockierung durch MG132 nicht mehr abgebaut werden kann und somit die Inhibierung von ARR1 erhalten bleibt. Für LSH3 könnte dies bedeuten, dass es ebenfalls eine Funktion in der Stabilisierung dieses Repressor hat. Falls dies der Fall ist, dann sollte eine direkte Interaktion von LSH3 mit dem Repressor vorliegen. Aus diesem Grund wurden *yeast two-hybrid screens* mit LSH3 und zwei cDNA-Bibliotheken durchgeführt. Insgesamt wurden 550.000 Transformanden erhalten von denen 41 Primärpositive selektiert worden sind. Die *prey*-Plasmid-DNA dieser primärpositiven Klone wurde wie in Abschnitt 2.2.7 beschrieben extrahiert in den Hefestamm retransformiert und erneut auf Selektionsmedium kultiviert. Diese sekundärpositiven Klone und potentiellen Interaktionspartner von LSH3 sind in Tabelle 14 aufgelistet.

Tabelle 14: Im *yeast two-hybrid screen* identifizierte Interaktionspartner von LSH3. Neben der Identifikationsnummer (AGI), sind auch eine Kurzbeschreibung und die verwendete cDNA-Bibliothek angegeben.

AGI	Beschreibung	Verwendete cDNA-Bibliothek	Anzahl gefundener Klone
At1g54440	Polynucleotidyltransferase	Wurzelkallus	2
At1g61520	LHCA3 (Light Harvesting Complex 3)	Hormonbehandelte Keimlinge (Bürkle et al., 2005)	1
At1g62300	WRKY6	Wurzelkallus	1
At2g20760	Clathrin Light Chain Protein	Hormonbehandelte Keimlinge (Bürkle et al., 2005)	1
At2g29980	FAD3 (Fatty Acid Desaturase 3)	Wurzelkallus	1
At3g26980	MUB4 (Membrane-anchored Ubiquitin-fold Protein 4)	Wurzelkallus	1
At3g53430	Ribosomal Protein L11 Family Protein	Wurzelkallus	1
At3g54890	LHCA1 (Light Harvesting Complex 1)	Hormonbehandelte Keimlinge (Bürkle et al., 2005)	1
At3g60240	EIF4G (Eukaryotic Translation Initiation Factor 4G)	Wurzelkallus	1
At5g11090	uncharakterisiertes Protein	Wurzelkallus	1
At5g28060	Ribosomal S24e Family Protein	Hormonbehandelte Keimlinge (Bürkle et al., 2005)	1
At5g37780	CAM1 (Calmodulin 1)	Hormonbehandelte Keimlinge (Bürkle et al., 2005)	1

3.5.3 Charakterisierung der Interaktionspartner von LSH3

In der Tabelle 14 sind die potentiellen Interaktionspartner von LSH3 aufgelistet. Die identifizierten Kandidaten repräsentieren Mitglieder verschiedenster Signalwege. Unter anderem wurden Interaktionen mit Proteinen der Lichtsammelkomplexe (LHCA1 und LHCA3) gefunden. Da dies chloroplastidiäre Proteine sind und für LSH3 eine Lokalisation im Zellkern nachgewiesen werden konnte, deutet dies darauf hin, dass diese Interaktionen nicht von biologischer Relevanz sind. Neben den Lichtsammelkomplexen konnte eine Interaktion von LSH3 mit Komponenten der Transkriptions- und Translationsmaschinerie gezeigt werden. Unter den Interaktionspartnern befand sich mit WRKY6 ebenfalls ein Transkriptionsfaktor. Nähere bioinformatische Analysen des Promotors von *ARR6* ergaben, dass sich bis -350 bp aufwärts des potentiellen Translationsstarts zwei WRKY-DNA-Bindemotive (5'-(T)(T)TGAC(C/T)-3') befinden (Abbildung 36). Ebenfalls auffällig ist die Position der beiden gefundenen WRKY-Bindemotive. Die erste Bindestelle befindet sich mit einer Position von -219 bp innerhalb der Region des neu identifizierten CCRE (siehe Abschnitt 3.1.1). Das zweite WRKY-Bindemotiv befindet sich etwas außerhalb des CCREs. Betrachtet man die Ergebnisse der PTAs aus Abschnitt 3.1.1, fällt auf, dass der Verlust der Cytokininantwort mit dem schrittweisen Verlust der WRKY-Bindemotive in den Promotordeletionen einhergeht.

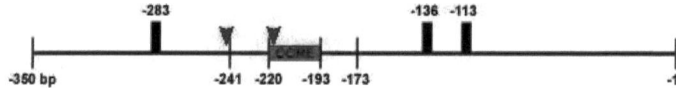

Abbildung 36: Schematische Darstellung der Positionen der WRKY- und der Typ-B ARR-Bindemotive sowie des CCRE innerhalb des *ARR6*-Promotors. Der Promotor von *ARR6* ist vom potentiellen Transkriptionsstart (-1) bis zu einer Länge von -350 bp aufwärts schematisch dargestellt. Die bekannten Typ-B ARR-DNA-Bindemotive sind mit vertikalen Balken dargestellt. Das in dieser Arbeit identifizierte cytokininabhängige *cis*-regulatorische Element (CCRE) ist in rot und die W-Box mit blauen Pfeilen gekennzeichnet.

Die WRKY-Proteinfamilie ist eine Gruppe von transkriptionellen Regulatoren, die bisher nur in Pflanzen gefunden wurden. Sie sind charakterisiert durch eine etwa 60 Aminosäure lange Domäne mit einer konservierten WRKYGQK-Peptidsequenz, die sowohl namensgebend für die Domäne als auch für die Proteinfamilie ist. Als zweite funktionelle Domäne wurde ein Zink-Finger-ähnliches Motiv mit entweder C_2-H_2-oder C_2-HC-Charakteristik identifiziert (für Übersichtsartikel siehe Eulgem *et al.*, 2000; Rushton *et al.*, 2010). Für die WRKY-Domäne wurde eine Bindung an DNA gezeigt, die durch Zugabe eines Chelators von zweiwertigen Kationen (EDTA) aufgehoben werden kann (Eulgem *et al.*, 1999). Durch *in vitro*-Bindungsanalysen von verschiedenen WRKY-Faktoren aus unterschiedlichen Organismen wurde die DNA-Bindesequenz der WRKYs mit 5'-(T)(T)TGAC(C/T)-3' identifiziert und W-Box genannt (Ishiguro und

Nakamura, 1994; Rushton *et al.*, 1995; de Pater *et al.*, 1996; Ciolkowski *et al.*, 2008).

In Arabidopsis besteht die WRKY-Proteinfamilie aus 74 Mitgliedern, die sich nach der Anzahl ihrer WRKY-Domänen und der Art des Zink-Finger-Motivs in drei Untergruppen aufteilen lassen (Eulgem *et al.*, 2000). Für Vertreter alle Untergruppen der WRKY-Familie konnte eine Bindung an die W-Box gezeigt werden. Eine Spezifität in der Bindung der einzelnen WRKY-Proteine wird anscheinend über die flankierenden Basen der W-Box vermittelt (Ciolkowski *et al.*, 2008). Funktionell konnte für die WRKYs sowohl eine Rolle bei der Antwort auf biotischen und abiotischen Stress als auch bei der Samenkeimung und der Seneszenz nachgewiesen werden (siehe Überblicksartikel Rushton *et al.*, 2010). Auch für *WRKY6* wurde eine verstärke Expression in seneszierten Blättern gezeigt. Des Weiteren ist *WRKY6* stark in den Wurzeln und in den Blüten exprimiert. Promotor::GUS-Untersuchungen zeigten, dass diese Expression durch veränderte Lichtverhältnisse und der Behandlung sowohl mit Pathogenen als auch mit Auxin beeinflusst werden kann. Die Expression von WRKY6-2xGFP-Fusionskonstrukten in Arabidopsis-Protoplasten zeigten eine Lokalisierung im Zellkern (Robatzek und Somssich, 2001). Neben der Funktion bei der Blattseneszenz (Robatzek und Somssich, 2002) konnte für *WRKY6* eine Rolle während des Mangels an Phosphat nachgewiesen werden (Chen *et al.*, 2009). Während überexprimierende Linien unter Phosphatmangel eine kleinere Rosette hatten, zeigte die *wrky6-1*-Knockoutmutante, mit einer vergrößerten Rosette, den entgegengesetzten Phänotyp. Dieser Phänotyp konnte auf eine Regulation des *Phosphate 1 (Pho1)*-Gens zurückgeführt werden. Dabei reprimiert WRKY6 die *Pho1*-Expression unter normalen Phosphatbedingungen. Bei Phosphatmangel kommt es zu einem verstärken Abbau des WRKY6-Proteins durch das 26S-Proteasom, was zu einer verstärkten Expression von *Pho1* führt (Chen *et al.*, 2009). Wie anhand von WRKY6 erläutert, zeigen die bisherigen Daten, dass die WRKY-Proteine in mehreren Signalwegen unterschiedliche Aufgaben übernehmen können. Auch die Art der Regulation ist für die WRKYs sehr vielfältig. So konnte für WRKY6 eine negative Regulation sowohl von *Pho1* als auch von sich selbst gezeigt werden (Robatzek und Somssich, 2002; Chen *et al.*, 2009). Des Weiteren wurde für WRKY6 eine aktivierende Funktion auf die Seneszenz Induzierte Rezeptorkinase (SIRK) nachgewiesen (Robatzek und Somssich, 2002). Auch die Interaktion mit anderen WRKY-Faktoren spielt bei der Regulation eine Rolle. In Tabak wurde für *WRKY6* eine Funktion bei der Fraßantwort in Abhängigkeit von *WRKY3* nachgewiesen (Skibbe *et al.*, 2008). Die bisherigen Daten zeigen, dass *WRKY6* ein möglicher Kandidat für eine Regulation der ARR1-Transkaktivierungskapazität durch LSH3 sein könnte.

3.5.4 Untersuchung der Regulation von ARR1 durch WRKY6

Wenn WRKY6 einen regulatorischen Komplex mit LSH3 und ARR1 bilden kann, dann müsste es zumindest mit einem der beiden Faktoren interagieren. Um dies näher zu untersuchen, wurde die kodierende Sequenz von WRKY6 in die *yeast two-hybrid*-Vektoren kloniert und auf eine mögliche Interaktion mit ARR1 und/oder LSH3 untersucht. Da LSH3 als *prey* stark autoaktivierend ist, konnte die Interaktion nur mit dem *bait* getestet werden.

Die Ergebnisse der *yeast two-hybrid*-Tests zeigten für alle untersuchten Interaktionen ein gutes Wachstum auf den SDII-Transformationskontrollplatten (Abbildung 37). Für WRKY6 konnte kein Wachstum auf SDIV-Interaktionsmedium bei gleichzeitiger Expression der Vektorkontrolle beobachtet werden, was zeigte, dass WRKY6 nicht autoaktivierend ist. Das gleiche Ergebnis wurde mit der *prey*-Kontrolle für WRKY6 als *bait* erzielt (Daten nicht gezeigt). Ein sehr starkes Wachstum der Hefen war bei der WRKY6-WRKY6 Interaktion bis zu einer Konzentration von 20 mM 3-AT zu beobachten. Sowohl für den Test auf Interaktion mit ARR1 als auch mit LSH3 wurde ein Wachstum auf Interaktionsmedium festgestellt (Abbildung 37).

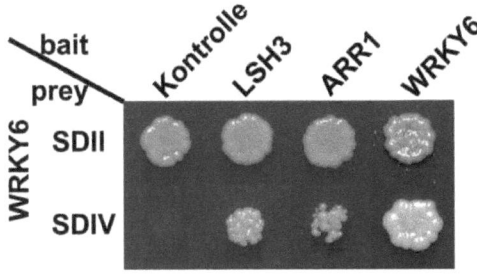

Abbildung 37: Ergebnisse der Protein-Protein Interaktionen von WRKY6 im *yeast two-hybrid*-System. Die kodierende Sequenz von WRKY6 wurde sowohl in den *prey*- als auch den *bait*-Vektor des *yeast two-hybrid*-Systems kloniert und anschließend auf eine Interaktion mit LSH3, ARR1 sowie WRKY6 getestet. Als Kontrolle wurde der *bait*-Vektor ohne kodierende Sequenz verwendet. Die Versuche wurden ein zweites Mal wiederholt, mit vergleichbaren Ergebnissen.

Es konnte gezeigt werden, das WRKY6 sowohl mit sich selbst als auch mit ARR1 und LSH3 interagieren kann. Allerdings ist das *yeast two-hybrid*-System ein sehr artifizielles System. Daher sollte untersucht werden, ob WRKY6 auch *in planta* eine Interaktion mit ARR1 und/oder LSH3 eingehen kann. Zunächst wurde WRKY6 zusammen mit ARR1 in PTA-Analysen getestet. Die Expression von *WRKY6* allein führte zu einer leichten Reduktion (etwa 20%) in der Transaktivierung des -350 bp *ARR6*-Promotors (Abbildung 38). Nach der Induktion mit Cytokinin konnte eine verstärkte Aktivierung des Reporters durch WRKY6 festgestellt werden (87%).

Wie bereits in früheren PTA-Experimenten gezeigt, resultierte die Überexpression von *ARR1* in einer stark erhöhten Aktivität des Reporters. Diese Antwort wurde durch Zugabe von Cytokinin sogar noch verstärkt (ca. 20%). Die gleichzeitige Überexpression von *WRKY6* und *ARR1* resultierte in Ergebnissen vergleichbar mit der alleinigen Expression von *ARR1*. Eine zusätzliche Induktion mit Cytokinin führte in diesem Fall zu einer weiteren Verstärkung der Transaktivierung des *ARR6*-Promotors durch ARR1 und WRKY6 (Abbildung 38). Die Ergebnisse dieses PTAs zeigten, dass WRKY6 eine Funktion als Ko-Aktivator von ARR1 einnehmen kann, wenn eine Induktion mit Cytokinin vorliegt.

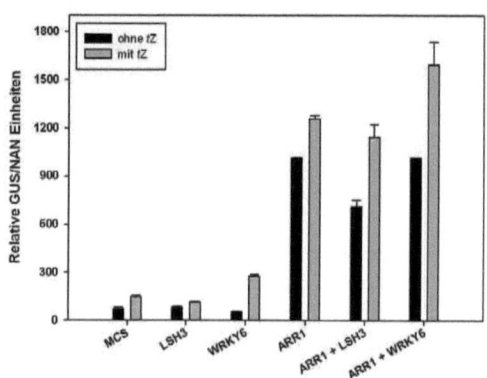

Abbildung 38: Analyse der funktionellen Interaktion von WRKY6 mit ARR1 im PTA-System. Arabidopsis-Mesophyllprotoplasten wurden mit dem -350 bp-Fragment des *ARR6*-Promotors transformiert. Die Stärke der Transaktivierung des Promotors ohne und mit Zugabe von 500 nM *trans*-Zeatin (tZ) wurde nach 18 h analysiert. Untersucht wurde hierbei der Einfluss der WRKY6-Expression auf die Transaktivierungskapazität von ARR1. Als Negativkontrolle wurde das -350 bp-Fragment des *ARR6*-Promotors zusammen mit dem Effektorplasmid mit *multiple cloning site* (MCS) eingesetzt. Die hier abgebildeten Ergebnisse stellen das Mittel von drei biologischen Replikaten dar (n=3).

Interessanterweise konnte in diesem PTA sowohl eine reprimierende (25%), ohne Cytokinin, als auch aktivierende Funktion (85%), mit Cytokinin, für *WRKY6* gezeigt werden (Abbildung 38). Um die Rolle von LSH3 bei dieser Regulation näher zu untersuchen, wurden PTA-Analysen durchgeführt. Die gleichzeitige Überexpression von *LSH3* mit *WRKY6* resultierte in einer leicht erhöhten Antwort des Reporterkonstruktes, die durch Zugabe von Cytokinin weiter verstärkt wurde (Abbildung 39). Als nächstes sollte der Effekt auf die ARR1-Transaktivierung des Reporters bei gleichzeitiger Expression von *LSH3* und *WRKY6* untersucht werden.

Die Ergebnisse zeigten keine Veränderung in der Aktivität des Reporterkonstruktes, verglichen mit der *WRKY6*- und *ARR1*-Expression (Abbildung 39). Nach der Induktion mit Cytokinin war ein deutlicher Anstieg in der Antwort des Reportergens zu erkennen. Die Verstärkung der Antwort ging sowohl über die von ARR1 allein als auch über die gemeinsame Antwort von ARR1 und WRKY6 hinaus.

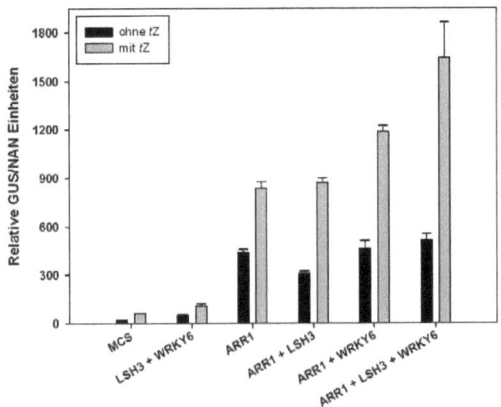

Abbildung 39: PTA-Ergebnisse der Analyse der funktionellen Interaktion von WRKY6 mit ARR1 und LSH3.
Arabidopsis-Mesophyllprotoplasten wurden mit dem -350 bp-Fragment des *ARR6*-Promotors transformiert. Die Stärke der Transaktivierung des Promotors ohne und mit Zugabe von 500 nM *trans*-Zeatin wurde nach 18 h analysiert. Es wurde der Effekt der gemeinsamen Expression von *LSH3* und *WRKY6* auf die Transaktivierungskapazität von ARR1 untersucht. Als Negativkontrolle wurde das -350 bp-Fragment des *ARR6*-Promotors zusammen mit dem Effektorplasmid mit *multiple cloning site* (MCS) eingesetzt. Die hier abgebildeten Ergebnisse stellen das Mittel von drei biologischen Replikaten dar (n=3).

Zusammengefasst zeigten die PTA-Analysen (Abbildung 38 und Abbildung 39) eine leichte Repression der Aktivität des -350 bp-Fragments des *ARR6*-Promotors durch WRKY6. Die gleichzeitige Expression von *WRKY6* und *LSH3* resultierte in einem vollständigen Verlust der LSH3-Repressorfunktion. Nach der Induktion mit Cytokinin führte die Überexpression von *WRKY6* zusammen mit *ARR1* zu einer Verstärkung der *ARR6*-Reporterantwort. Dieser Effekt wurde durch die zusätzliche Expression von *LSH3* weiter verstärkt.

4 Diskussion

4.1 Identifikation eines cytokininantwort-vermittelnden *cis*-regulatorischen Elementes (CCRE)

Bisherige Untersuchungen zu *cis*-regulatorischen Elementen im Cytokininsignalweg identifizierten für die Typ-B ARR ein DNA-Bindemotiv mit der Kernsequenz 5'-GAT(T/C)-3' (Sakai *et al.*, 2000). Aufgrund der Kürze dieses Motivs konnte berechnet werden, dass es etwa alle 85 bp zufällig im Genom vorkommt (Taniguchi *et al.*, 2007). Es blieb offen, wie eine spezifische Regulation der Cytokininantwortgene durch die Typ-B ARR erreicht werden kann, wenn die DNA-Bindesequenz in praktisch jedem Promotor vorkommt. Taniguchi und Kollegen versuchten die DNA-Bindesequenz der Typ-B ARR mit Hilfe bioinformatischer Analysen zu erweitern (Taniguchi *et al.*, 2007). Die Ergebnisse dieser Analysen resultierten in einem erweiterten Motiv, das wesentlich seltener zufällig im Genom auftritt (etwa alle 5.000 bp) und in Cytokininantwortgenen vermehrt vorkommt (Taniguchi *et al.*, 2007; Ramireddy, 2009). Für einige dieser Cytokininantwortgene, zu denen auch die Typ-A ARR gehören, konnten bereits diverse Funktionen nachgewiesen werden (siehe Abschnitt 1.3.1.1). Die bisherigen Daten deuten darauf hin, dass die spezifische Regulation dieser Gene entweder durch weitere Transkriptionsfaktoren gesteuert wird, und/oder weitere *cis*-regulatorische Elemente an der Regulation beteiligt sind. Das hier erwähnte Motiv (5'-GAT(T/C)-3') wurde als Typ-B ARR DNA-Bindemotiv beschrieben (Sakai *et al.*, 2000; Hosoda *et al.*, 2002; Imamura *et al.*, 2003; Taniguchi *et al.*, 2007; Ramireddy, 2009). Eine Funktion dieses Motivs bei Weiterleitung der Cytokininantwort konnte mit Hilfe eines synthetischen DNA-Konkatemers gezeigt werden (Müller und Sheen, 2008). Allerdings ist es möglich, dass neben dem bereits beschriebenen Motiv noch weitere *cis*-regulatorische Elemente existieren, welche die Cytokininantwort vermitteln.

4.1.1 Promotordeletionsanalysen des Promotors von *ARR6* identifizieren ein 27 bp langes DNA-Fragment, das einen Teil der Cytokininantwort vermittelt

Ein Ziel dieser Arbeit war es cytokininantwort-vermittelnde *cis*-regulatorische Elemente (CCRE) zu identifizieren, ohne dabei eine Bindung der Typ-B ARR an diese Motive vorauszusetzen. Dafür wurden Promotordeletionsanalysen des Typ-A ARR *ARR6* in Protoplast-*trans*-Aktivierungsassays (PTAs) mit und ohne Zugabe von Cytokinin durchgeführt (siehe Abschnitt 3.1.1). Die hier verwendeten Promotordeletionskonstrukte waren die gleichen, die zuvor von Ramireddy (2009) verwendet wurden. Im Unterschied zu früheren Studien wurde in dieser Arbeit zum ersten Mal die Cytokininantwort von *ARR6*-Promotorfragmenten untersucht, ohne dabei einen der Typ-B ARR mit zu exprimieren. Die Ergebnisse der PTAs zeigten den Verlust eines großen Teils der Cytokininantwort des *ARR6*-Promotors, wenn der 27 bp lange DNA-Abschnitt von -193 bp bis -220 bp stromaufwärts des potentiellen Transkriptionsstarts deletiert wurde. Da sich innerhalb des 27 bp-Fragments keine Typ-B ARR Bindemotive befinden, könnte es sich bei diesem Motiv um das erste CCRE handeln, dass eine Cytokininantwort unabhängig von den Typ-B ARR vermittelt. Allerdings konnte auch bei dem untersuchten -220 bp-Fragment des *ARR6*-Promotors eine reduzierte Antwort des Reporterkonstruktes beobachtet werden. Dies deutet darauf hin, dass mit dem 27 bp-Fragment des *ARR6*-Promotors nicht das vollständige DNA-Bindemotiv vorliegt, das die Cytokininantwort vermittelt. Promotordeletionsanalysen mit längeren Fragmenten als dem -220 bp-Fragment des *ARR6*-Promotors, z.B. einem -225 bp- bzw. -230 bp-Fragment, könnten weitere Hinweise auf die Bindesequenz des CCRE liefern. In den hier durchgeführten Experimenten konnte kein vollständiger Verlust der Cytokininantwort beobachtet werden. Eine mögliche Erklärung dafür bieten die Typ-B ARR Bindemotive, die auch in dem -173 bp-Fragment vorhanden sind. Die endogenen Typ-B ARR der Arabidopsis-

Protoplasten könnten an diese Elemente binden und zu einer erhöhten Expression des Reportergens führen. Falls dies der Fall ist, so sollten PTAs mit *ARR6*-Promotorkonstrukten, in denen die Typ-B ARR DNA-Bindemotive funktionell ausgeschaltet sind, zu einem kompletten Verlust der Cytokininantwort führen.

4.1.2 *In vitro*-Bindungsstudien zeigen keine Bindung der DNA-Bindedomäne von ARR1 an das CCRE

Die Ergebnisse der in dieser Arbeit durchgeführten Promotordeletionsanalysen zeigten eine schrittweise Abnahme der Aktivierung des Promotors von *ARR6*. Diese Ergebnisse wiesen große Ähnlichkeiten zu den Ergebnissen der Transaktivierung von *ARR6* durch ARR1 auf (Ramireddy, 2009). Damit stellte sich die Frage, ob vielleicht ARR1 an das CCRE binden kann und somit einen Teil der Cytokininantwort vermittelt. Um dies näher zu untersuchen, wurden *in vitro*-Bindungsstudien mit der aufgereinigten DNA-Bindedomäne (DBD) von ARR1, dem Promotor von *ARR6* und dem CCRE als Kompetitor durchgeführt. Frühere, von mir durchgeführte Gelretardationsassays (GRAs) mit ähnlich kurzen DNA-Fragmenten wie dem CCRE zeigten experimentelle Schwierigkeiten auf. Aufgrund der begrenzten Gelgröße konnte oft eine deutliche Auftrennung der radioaktiv markierten DNA von verbliebenen radioaktiven Nukleotiden nicht erreicht werden. Daher wurden die Bindungsstudien von ARR1-DBD an das CCRE mittels Kompetitionsanalysen durchgeführt. Die Ergebnisse der GRAs deuten darauf hin, dass ARR1-DBD unter den hier gewählten Bedingungen nicht an das CCRE binden kann. Wie in Abschnitt 4.1.1 erläutert, konnte in den PTA-Analysen ein Verlust der Transaktivierung des *ARR6*-Promotors bereits bei dem -220 bp-Fragment beobachtet werden, was bedeuten könnte, dass das CCRE mit den 27 bp nicht das vollständige DNA-Bindemotiv umfasst. Kompetitionsexperimente in GRAs mit dem DNA-Fragment von -173 bp bis -

279 bp des *ARR6*-Promotors würden zeigen, ob für die Bindung von ARR1-DBD an das CCRE weitere Basenpaare notwendig sind. Alternativ wäre es auch möglich, GRAs mit dem -279 bp-Fragment des *ARR6*-Promoters durchzuführen, in dem alle Typ-B ARR-Bindemotive funktionell ausgeschaltet sind. Allerdings würde eine Bindung in diesem Experiment nur zeigen, dass ARR1-DBD an ein weiteres Motiv binden kann und nicht, ob es sich dabei um das hier beschriebene CCRE handelt.

An dieser Stelle sei noch einmal erwähnt, dass in dieser Arbeit ausschließlich die Bindung der DNA-Bindedomäne von ARR1 an das CCRE untersucht wurde. In früheren Studien konnte bereits gezeigt werden, dass die DNA-Bindedomänen der Typ-B ARR an leicht unterschiedliche DNA-Bindemotive binden (Sakai *et al.*, 2000; Hosoda *et al.*, 2002; Imamura *et al.*, 2003). Eine Bindung anderer Typ-B ARR an das CCRE kann daher nicht ausgeschlossen werden und sollte deshalb näher untersucht werden. Sämtliche Studien zur Bindung der Typ-B ARR wurden nicht mit den *full-length*-Proteinen durchgeführt. Im tierischen Organismus konnte bereits gezeigt werden, dass DNA-Bindedomänen andere Bindespezifitäten besitzen können als die *full-length*-Proteine. Für das telomerschützende Protein PROTECTION OF TELOMERES 1 (POT1) wurde gezeigt, dass für die Bindung der DBD das Motiv 5'-GGTTAG-3' ausreichend ist, während das *full-length*-Protein zwei solcher Motive für die Bindung benötigt (Wei und Price, 2004). Dies zeigt, dass die Typ-B ARR als *full-length*-Proteine möglicherweise weitere DNA-Bindestellen neben den bereits identifizierten Motiven besitzen könnten. Eine Analyse der Bindung der *full-length*-Proteine an den Promoter von *ARR6* und des CCRE würde zeigen, ob die Typ-B ARR an weitere DNA-Bindemotive binden können.

4.2 Bindungsstudien identifizieren potentielle Interaktionspartner des CCRE

In dieser Arbeit konnte ein bisher unbekanntes *cis*-regulatorisches Element identifiziert werden, das zumindest einen Teil der Cytokininantwort vermittelt. Des Weiteren konnte anhand von *in vitro*-Bindungsstudien gezeigt werden, dass die DNA-Bindedomäne von ARR1 nicht an dieses Element binden kann. Um die Frage zu beantworten, welche *trans*-Faktoren an das CCRE binden und somit eventuell die Cytokininantwort vermitteln, wurden *yeast one-hybrid screens* durchgeführt. Ein *screen* mit ausschließlich dem 27 bp-Fragment wurde aus verschiedenen Gründen nicht durchgeführt. Zum einen gestaltete sich die Klonierung dieses DNA-Fragmentes sehr schwierig, da es sehr reich an der Base Thymin ist. Es ist bekannt, dass sich DNA-Fragmente mit einem hohen Prozentsatz an einer einzigen Base nur sehr schlecht klonieren bzw. sequenzieren lassen. Zum anderen sollten möglichst viele potentielle Bindestellen für *trans*-Faktoren in die Untersuchungen mit einbezogen werden. Daher wurde für die *screens* das -220 bp-Fragment des *ARR6*-Promotors verwendet, da bei diesem Fragment noch etwa 80 % der Cytokininantwort vorhanden war (Abbildung 5). Des Weiteren wurde eine Variante dieses Fragmentes verwendet, in der die beiden verbleibenden erweiterten Typ-B ARR Bindemotive funktionell ausgeschaltet sind (-220 bp $^{-136,\ -113}$). Diese *screens* sollten gewährleisten, dass nicht ausschließlich Typ-B ARR identifiziert werden.

4.2.1 *Yeast one-hybrid*-Analysen zeigen eine Transaktivierung des *ARR6*-Promotors durch LSH3

Die *yeast one-hybrid screens* identifizierten mehrere Proteine, welche den Promotor von *ARR6* transaktivieren können. Für zwei der Faktoren konnte eine solche Transaktivierung sowohl an das -220 bp-Fragment als auch das -220 bp $^{-136,\ -113}$ nachgewiesen werden. Bei der IMIDAZOLEGLYCEROL-PHOSPHATE DEHYDRATASE (HISN5B) handelt es sich um ein homologes Protein, des in der Hefe vorkommenden *HIS3*-Gens (Struhl und Davis, 1977), welches den sechsten Schritt in der Histidinbiosynthese katalysiert. Die Deletion dieses Gens in dem Hefestamm resultiert in einer Auxotrophie für Histidin. Da die Selektion der Hefeklone auf Histidinmangelmedium (SD -Leu -His) erfolgte wäre es möglich, dass die Expression von HISN5B zu einer Komplementation der *his3*-Mutation in der Hefe führte. Aus diesem Grund wurde dieser Faktor nicht näher untersucht. Auch das Protein LIGHT SENSITIVE HYPOCOTYL 3 (LSH3) wurde in beiden *screens* gefunden. Dies deutet darauf hin, dass LSH3 den Promotor von *ARR6* transaktiviert aber dies nicht durch die erweiterten Typ-B ARR Motive vermittelt wird. Neben LSH3 wurde in den *screens* mit dem -220 bp $^{-136,\ -113}$-Fragment mit LSH6 ein weiteres Mitglied der LSH-Proteinfamilie identifiziert. Dies könnte bedeuten, dass die Mitglieder dieser Familie, vergleichbar mit den Typ-B ARR, ähnliche DNA-Bindemotive besitzen. Dass LSH6 nur in einem der beiden *screens* und nur einmal gefunden wurde, könnte bedeuten, dass *LSH3* verglichen mit *LSH6* in der verwendeten cDNA-Bibliothek überrepräsentiert ist.

4.2.2 LSH3 bindet *in vitro* nicht an den Promoter von *ARR6*

Zur Verifizierung der *yeast one-hybrid*-Ergebnisse wurde die Bindung von LSH3 an den Promotor von *ARR6* in GRAs untersucht. Die Ergebnisse der GRAs konnten keine Bindung von LSH3 an den *ARR6*-Promotor zeigen. Es besteht die Möglichkeit, dass die hier gewählten experimentellen Bedingungen eine Interaktion von LSH3 mit dem Promotor von ARR6 nicht ermöglichen. In den Untersuchungen wurden in *E. coli* exprimierte und über den *tag* aufgereinigte GST-Fusionsproteine verwendet. Es ist bekannt, dass die Art und die Position eines *tags* die Faltung und Funktion von Proteinen beeinflussen können. Während der Anfertigung dieser Arbeit wurde für LSH3 eine Lokalisation im Zellkern beschrieben (Cho und Zambryski, 2011; Takeda *et al.*, 2011). In den Untersuchungen von Cho und Zambryski (2011) konnte nur für die N-terminale GFP-Fusion ein Signal detektiert werden. Meine Analysen zeigten eine Kernlokalisation sowohl für N-terminale (Daten nicht gezeigt) als auch C-terminale GFP-Fusionen (Abbildung 17 E-H). Des Weiteren konnte von mir eine Funktionalität der GFP-LSH3-Fusionsproteine in PTA-Analysen gezeigt werden (Abbildung 26). Dies und die Tatsache, dass in den *yeast one-hybrid*-Experimenten ebenfalls eine N-terminale Fusion von LSH3 verwendet wurde, deuten darauf hin, dass ge*tag*te LSH3-Proteine funktionell sind. Um auszuschließen, dass der GST-*tag* für die nicht vorhandene Bindung von LSH3 an den Promotor von *ARR6* verantwortlich ist, wurden die GRAs mit N-terminalen His-ge*tag*ten LSH3-Fusionskonstrukten wiederholt. Auch in diesen Versuchen konnte keine Bindung an den Promotor von *ARR6* festgestellt werden. Allerdings wurden weder die GST- noch die His-ge*tag*ten Fusionsproteine hinsichtlich einer Funktionalität überprüft.

Die in dieser Arbeit verwendeten Fusionsproteine wurden alle in *E. coli* exprimiert und tragen demnach keine eukaryotischen Modifikationen, welche eventuell Voraussetzung für eine Bindung von LSH3 an den Promotor von *ARR6* sind. Eine *in silico*-Analyse von LSH3 mit dem Programm NetPhos 2.0 (Blom *et al.*, 1999) zeigte auf, dass LSH3 mehrere potentielle Phosphorylierungsstellen besitzt (Abbildung 40). Es konnte bereits gezeigt werden, dass in *E. coli* eine Phosphorylierung von Serin, Threonin und Tyrosin stattfindet (Macek *et al.*, 2008). Da LSH3 ein pflanzliches Protein ist, wäre es dennoch möglich, dass ein oder mehrere Phosphorylierungsstellen nicht durch *E. coli* phosphoryliert werden können.

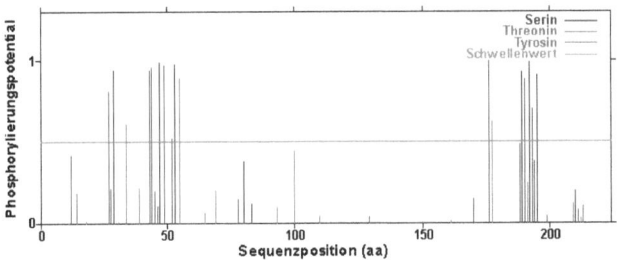

Abbildung 40: Phosphorylierungsvorhersage von LSH3 mit NetPhos 2.0. Für die Vorhersage von potentiellen Phosphorylierungsstellen wurde die Aminosäuresequenz von LSH3 (Tair Version 10) in die webbasierte Version von NetPhos 2.0 (http://www.cbs.dtu.dk/services/NetPhos/) eingegeben. Der Graph zeigt die Wahrscheinlichkeit der Phosphorylierung von Serin- (blau), Threonin- (grün) und Tyrosinresten (rot). Der Schwellenwert, ab wann eine Phosphorylierung als wahrscheinlich angesehen wird, liegt bei 0,5.

Um dies näher zu untersuchen, wurden Strep-getagte (Witte et al., 2004) LSH3-Fusionsproteine transient in Tabak exprimiert, über den tag aufgereinigt und hinsichtlich einer Bindung an den Promotor von ARR6 in GRAs untersucht. Obwohl in diesen Fusionsproteinen alle pflanzlichen Modifikationen vorhanden sein sollten, konnte keine Bindung an den Promotor von ARR6 festgestellt werden (Daten nicht gezeigt). Allerdings wurden diese Experimente ausschließlich mit N-terminal getagten Fusionsproteinen durchgeführt. Weiterhin wurde nicht überprüft, ob die Strep-getagten Fusionsproteine funktionell waren. Daher sollten die Strep-tag Konstrukte in PTAs hinsichtlich ihrer Funktionalität überprüft werden sowie die GRAs mit der C-terminalen Version durchgeführt werden.

Für die Bindungsstudien in vitro wurden ausschließlich aufgereinigte Proteine eingesetzt. Es besteht die Möglichkeit, dass die Aufreinigung der Proteine, durch zum Beispiel die Verwendung eines ungeeigneten Puffers oder pH-Wertes, zu strukturellen Veränderungen der Proteine führt (zum Überblick siehe Pace et al., 2009). Dies könnte zum Beispiel in einer falschen Faltung des Proteins resultieren. Um dies näher zu untersuchen, könnten die Proteine einer Circulardichroismus-(CD)Spektroskopie unterzogen werden. Die CD-Spektroskopie nutzt die Wechselwirkung optisch aktiver Substanzen mit polarisiertem Licht, um die Sekundärstruktur von Proteinen zu bestimmen (Greenfield, 2006). Die Ergebnisse dieser Untersuchungen könnten mit den Vorhersagen der verschiedenen Programme zu Bestimmung der Sekundärstruktur von Proteinen verglichen werden. Somit könnte besser beurteilt werden, ob die ge*tag*ten LSH3-Fusionsproteine richtig gefaltet sind oder nicht. Ein weiteres Problem könnte durch die Aufreinigung entstehen, wenn LSH3 einen Interaktionspartner benötigt, um an den Promotor von *ARR6* binden zu können. Dieser Faktor könnte an den Promotor binden und LSH3 zum Selbigen rekrutieren. Ein ähnliches Prinzip wurde bereits bei der Pathogenantwort durch den ARR2/TGA3-Komplex gezeigt (Choi *et al.*, 2010). Falls es sich bei diesem Faktor um einen generellen Transkriptionsfaktor handelt, der auch in der Hefe konserviert ist, würde dies erklären, warum in den *yeast one-hybrid*-Untersuchungen eine Transaktivierung von LSH3 an den *ARR6*-Promotor gezeigt, allerdings keine Bindung *in vitro*-Studien nachgewiesen werden konnte. In *S. cerevisiae* konnte eine dem bakteriellen Zweikomponentensystem homologe Phosphorylierungsweiterleitung identifiziert werden. Auch in diesem System wird eine membranständige Kinase, SYNTHETIC LETHAL OF N-END RULE (SLN1) (Ota und Varshavsky, 1993), phosphoryliert. Nach der Phosphorylierung wird der Phosphatrest auf den Phosphotransmitter TYROSINE (Y) PHOSPHATASE DEPENDENT 1 (YPD1) übertragen, der eine Phosphorylierung des *Response*-Regulators SUPPRESSOR OF SENSOR KINASE 1 (SSK1) bewirkt (Posas *et al.*, 1996; Sato *et al.*, 2003). Die Überexpression von *Cytokinin Response 1* (*CRE1*) in der *sln1*Δ Hefemutante, welche letal ist, resultierte nach Zugabe von Cytokinin in einer Komplementierung der Mutation (Inoue *et al.*, 2001; Reiser *et al.*, 2003). Dies zeigt, dass ein funktioneller Austausch von pflanzlichen Proteinen mit den Hefekomponenten möglich ist. Eine Interaktion von LSH3 mit einem oder mehreren Faktoren dieses Signalweges kann deshalb nicht ausgeschlossen werden. Falls dies der Fall sein sollte, so könnte ein GRA mit Gesamtproteinextrakt von LSH3-exprimierenden Hefen eine Bindung an den Promotor von *ARR6* in GRAs zeigen.

4.3 LSH3, ein negativer Regulator von ARR1

Trotz der fehlenden Bindung an den Promotor von *ARR6 in vitro*, konnte für *LSH3* ein reprimierender Effekt auf die Transaktivierungskapazität von ARR1 (40%) *in vivo* festgestellt werden. Auch für den nächsten Verwandten von ARR1, ARR2, wurde ein ähnlicher, allerdings mit 20% etwas schwächerer, Effekt auf die Transaktivierungskapazität beobachtet (Abbildung 16). In früheren Experimenten wies ARR2 eine vergleichbar starke bzw. stärkere Transaktivierungskapazität als ARR1 auf den Promotor von *ARR6* auf (Hwang und Sheen, 2001; Ramireddy, 2009). Allerdings ist der Effekt von LSH3 auf ARR1 wesentlich stärker als auf ARR2. Dies weist, trotz der hohen Sequenzähnlichkeit der beiden Proteine (63%; Uniprot; http://www.uniprot.org/blast/uniprot/2012042142Q0QHSMW7), auf eine funktionelle Differenzierung hin. So konnte nur für ARR2 eine Funktion bei der TGA3-vermittelten Pathogenantwort gezeigt werden und für ARR1 nicht (Choi *et al.*, 2010). Für ARR1 wurde eine Funktion in der Wurzelentwicklung beschrieben, die ARR2 nicht aufweist (Sakai *et al.*, 2001; Mason *et al.*, 2005; Yokoyama *et al.*, 2007; Ishida *et al.*, 2008). Es stellt sich nun die Frage, ob der reprimierende Effekt von LSH3 auf ARR2 ein Artefakt aufgrund der hohen Sequenzähnlichkeiten ist. Die Experimente von Choi und Kollegen (2010) zeigten, dass die durch Salizylsäure induzierte Expression des *Pathogenesis-Related Gene 1* (*PR1*) Gens in *35S::ARR2* Linien verstärkt wurde. Eine Analyse der *PR1*-Expression in Pflanzen, die sowohl *LSH3* als auch *ARR2* überexprimieren, würde zeigen, ob LSH3 die Transaktivierung spezifisch von ARR2 beeinflusst. Es sei angemerkt, dass auch bei diesem vorgeschlagenen Experiment eine Reprimierung anderer Typ-B ARR nicht ausgeschlossen werden kann. Des Weiteren wäre es möglich, dass der reprimierende Effekt von LSH3 auf ARR2 nur unter Verwendung des Promotors von *ARR6* auftritt.

In dieser Arbeit wurde ebenfalls untersucht, ob LSH3 den gleichen reprimierenden Effekt auf ARR1 *in planta* hat. Dazu wurde LSH3 in der *arr10arr12*-Doppelknockoutmutante überexprimiert (siehe Abschnitt 3.4.3.3). Wenn LSH3 eine funktionelle Repression auf ARR1 ausübt, so sollten diese Pflanzen einer Phänokopie der *arr1arr10arr12*-Mutanten entsprechen. Die transgenen Pflanzen zeigten zwar einen starken Zwergwuchs, allerdings war der Phänotyp nicht so stark, wie in der *arr1arr10arr12*-Mutante (Yokoyama et al., 2007). LSH3 zeigte in den *trans*-Aktivierungsassays eine Repression der Transaktivierungskapazität von ARR1 um etwa 40% (Abbildung 15). Bei einer ähnlich starken Expression von *LSH3* in Arabidopsis ist demnach nicht davon auszugehen, dass ein kompletter Funktionsverlust von ARR1 vorliegt. In der Abbildung 33 ist zu erkennen, dass nur die *35S::GFP:LSH3* bzw. *35S::LSH3:GFP*-Linien im *arr10arr12*-Hintergrund einen Phänotyp hervorrufen, die auch ein GFP-Fluoreszenzsignal zeigen. Dies deutet darauf hin, dass die Überexpression von *LSH3* den Phänotyp hervorruft. Eine quantitative Korrelation der GFP-ge*tag*ten Proteine mittels Western Blot und der Stärken der Phänotypen würde zeigen, ob die Menge an LSH3-Protein relevant für die Stärke des Phänotyps ist. Es kann nicht ausgeschlossen werden, dass weitere Typ-B ARR durch LSH3 in diesen transgenen Linien reprimiert werden. Die Analyse der Überexpression von *LSH3* in weiteren Typ-B ARR Knockout-Kombinationen wird Aufschluss über die Spezifität der LSH3-Regulation liefern. Erste Untersuchungen der Überexpression von *LSH3* in der *arr1arr12* Doppelmutante sowie der Einzelknockouts von *arr1* und *arr12* zeigten keine phänotypischen Veränderungen in der heterozygoten Population. Ein direkter Test auf die Reprimierung von ARR2 konnte nicht durchgeführt werden, da für ARR2 keine Knockoutkombinationen existieren, die einen Phänotyp hervorrufen.

Zusammengefasst deuten auch die *in planta*-Experimente darauf hin, dass LSH3 ein negativer Regulator von ARR1 ist. Allerdings beruhen die bisherigen Untersuchungen ausschließlich auf morphologischen Beobachtungen. Um die Daten zu bestätigen, sollten weitere cytokininspezifische Indikatoren, wie zum Beispiel die Samenlänge und die Wurzelelongation, in den transgenen Linien untersucht werden. Des Weiteren könnte eine Färbung der Wurzeln mit Fuchsin zeigen, ob die transgenen Linien ebenso wie die *arr1arr10arr12*-Mutanten kein Metaxylem mehr besitzen (Yokoyama *et al.*, 2007).

Interessanterweise wurde auch für das *LSH1*-Homolog aus Reis (*G1*) bereits eine Funktion als Repressor postuliert (Yoshida *et al.*, 2009). Es wäre denkbar, dass die charakteristische Domäne (DUF640) dieser Gruppe von Proteinen als Repressordomäne fungiert. Eine Analyse eines Fusionskonstruktes der DUF640 an die DNA-Bindedomäne von GAL4, wie von Matsui *et al.*, 2008 beschrieben, würde zeigen, ob es sich bei der Domäne tatsächlich um eine Repressordomäne handelt (Matsui *et al.*, 2008).

4.3.1 LSH3 reguliert ARR1 nicht auf transkriptioneller Ebene

In dieser Arbeit konnte gezeigt werden, dass LSH3 die Transaktivierungskapazität von ARR1 negativ beeinflusst. Allerdings konnte noch nicht geklärt werden, durch welchen Mechanismus dies geschieht. Die quantitative Analyse der *ARR1*-Transkriptmengen in den *LSH3*-Überexprimierern weist darauf hin, dass eine Regulation auf transkriptioneller Ebene nicht stattfindet (Abbildung 34). *In silico*-Vorhersagen deuten auf eine mögliche Phosphorylierung von LSH3 hin (Abbildung 40).

Dadurch ergeben sich mehrere mögliche regulatorische Mechanismen, durch die LSH3 die Aktivität von ARR1 beeinflussen könnte. Es wäre möglich, dass LSH3 eine Funktion bei der Regulation des Phosphorylierungsstatus von ARR1 hat. Eine Rolle als passiver Faktor, der mit ARR1 um Phosphatreste konkurriert, ist unwahrscheinlich, da in phylogenetischen Untersuchungen keine der charakteristischen Domänen, die an einem *His-to-Asp phosphorelay* beteiligt sind, in LSH3 nachgewiesen werden konnte (Pils und Heyl, 2009). Allerdings könnte LSH3 eine Kinase- bzw. Phosphatase-Aktivität besitzen. In diesem Zusammenhang wurden in dieser Arbeit erste Experimente hinsichtlich einer möglichen Kinaseaktivität von LSH3 durchgeführt. Die *in vitro*-Versuche mit aufgereinigtem GST-LSH3 Protein und radioaktivem gamma-ATP konnten für LSH3 keine Autophosphorylierung feststellen (Daten nicht gezeigt). Es konnte bereits gezeigt werden, dass der Phosphorylierungsstatus der Typ-B ARR entscheidend ihre Funktionalität beeinflusst. So wurde zum Beispiel für den Typ-B ARR ARR2 gezeigt, dass die Phosphorylierung des konservierten Aspartatrestes wichtig für die Funktion bei der Vermittlung der Pathogenantwort ist (Choi *et al.*, 2010). Da LSH3 die Transaktivierungskapazität von ARR1 negativ beeinflusst, wäre demnach eine Phosphatase- wahrscheinlicher als eine Kinase-Aktivität. Die Übertragung eines radioaktiven Phosphatrestes von AHP2 auf ARR1 konnte 2003 *in vitro* gezeigt werden (Imamura *et al.*, 2003). Drei Jahre später wurde mit diesem System eine Inhibierung des Phosphotransfers von AHP1 auf ARR1 durch den Pseudo-AHP AHP6 gezeigt (Mähönen *et al.*, 2006b). Eine Analyse in diesem System von LSH3 zusammen mit ARR1 und AHP1 sollte zeigen, ob LSH3 die Phosphatübertragung auf ARR1 beeinflussen kann.

4.3.2 PTA-Analysen zeigen eine Beteiligung des 26S-Proteasoms bei der Regulation von ARR1

Eine weitere Möglichkeit, wie LSH3 die Funktion von ARR1 regulieren könnte, besteht in der Modulation der Proteinstabilität von ARR1. Untersuchungen von Mutanten des 26S-Proteasoms zeigten eine erhöhte Insensitivität gegenüber Cytokinin (Smalle *et al.*, 2002). Dies zeigt, dass die Cytokininsignalweiterleitung auch über die Regulation des Proteinabbaus gesteuert werden kann. In Hefe konnte für den *Response*-Regulator SSK1 ein Abbau über das 26S-Proteasom nachgewiesen werden (Sato *et al.*, 2003). Des Weiteren konnte in den Untersuchungen gezeigt werden, dass dies in Abhängigkeit von dem Phosphotransferprotein YPD geschieht. In Arabidopsis wurde die Beteiligung des 26S-Proteasoms am Proteinabbau von ARR2 nachgewiesen (Kim *et al.*, 2012). Auch die PTA-Ergebnisse aus Abschnitt 3.5.1 deuten auf die Beteiligung des 26S-Proteasoms beim Abbau bestimmter Typ-B ARR hin. In diesen Versuchen wurde mit MG132 ein Inhibitor des 26S-Proteasoms eingesetzt, der zu einem reduzierten Proteinabbau über das 26S-Proteasom führt (Lee und Goldberg, 1996). Am Beispiel von ARR19 konnte beobachtet werden, dass nach der Zugabe von MG132 die Transaktivierung des *ARR6*-Promotors zunahm. Dies deutet darauf hin, dass es in diesen Versuchen zu einer Anreicherung der ARR19-Proteine aufgrund des inhibierten 26S-Proteasoms kam und somit zu einer verstärkten Aktivierung des Reporterkonstruktes. Interessanterweise konnte in den Experimenten mit ARR1 und MG132 ein solches Ergebnis nicht beobachtet werden. Die Zugabe des Inhibitors resultierte in einer deutlichen Abnahme der Transaktivierung des *ARR6*-Reporterkonstruktes, was darauf hindeutet, dass ARR1 nicht über das 26S-Proteasom abgebaut wird. Zu dem gleichen Schluss kamen auch Kim und Kollegen (2012) in Ihren Untersuchungen, die zwar für ARR2 einen Abbau über das 26S-Proteasom zeigen konnten, nicht aber für ARR1, ARR10,

ARR12 und ARR18 (Kim *et al.*, 2012). Diese Daten könnten auf eine mögliche Regulation von ARR1 über den Proteinabbau mittels einer oder mehrerer Proteasen hindeuten. Auch wenn durch die bisherigen Analysen keine Protease-Funktion für LSH3 gezeigt werden konnte, wäre es dennoch vorstellbar, dass es eine solche Funktion hat und am Proteinabbau von ARR1 beteiligt ist. Im Falle einer direkten Beteiligung am Proteinabbau von ARR1 müsste LSH3 eine direkte Interaktion mit ARR1 eingehen. Eine solche konnte allerdings weder in *yeast two-hybrid*- noch Ko-Immunopräzipitation-Analysen gezeigt werden. So deuten die bisherigen Ergebnisse eher auf eine indirekte Beteiligung von LSH3 an der Proteinstabilität von ARR1 hin, wobei vermutlich noch ein dritter, bisher noch unbekannter Faktor daran beteiligt ist.

4.4 LSH3 ist in mehreren Signalwegen involviert

Im vorangegangenen Abschnitt wurde die mögliche Beteiligung eines dritten Faktors an der Regulierung der LSH3-abhängigen Reprimierung von ARR1 erläutert. Zur Identifizierung eines solchen Faktors wurden in dieser Arbeit *yeast two-hybrid screens* mit LSH3 durchgeführt. Diese *screens* konnten für LSH3 potentielle Interaktionspartner aus den unterschiedlichsten Signalwegen identifizieren (Tabelle 14). Unter anderem wurden zwei Proteine der Lichtsammelkomplexe gefunden, was eine Beteiligung von LSH3 an der Weiterleitung von Lichtstimuli vermuten lässt. Allerdings sind diese Proteine in den Chloroplasten lokalisiert, während für LSH3 eine Zellkernlokalisierung gezeigt werden konnte. Eine biologische Relevanz dieser Interaktionen ist daher als eher unwahrscheinlich anzusehen. Neben der FATTY ACID DESATURASE 3 (FAD 3), welche eine Funktion bei der Biosynthese von Fettsäuren hat, wurde eine Interaktion mit einem Protein gefunden (CLATHRIN LIGHT CHAIN PROTEIN), welches am intrazellulären Proteintransport über Vesikel beteiligt ist. Des Weiteren wurden Interaktionen mit Proteinen der Proteinbiosynthese und des -abbaus gefunden. Die Interaktionsstudien deuten darauf hin, dass LSH3 an der Regulation vieler Signalwege beteiligt ist. In den nachfolgenden Abschnitten wird die mögliche Funktion von LSH3 in einigen dieser Signalwege diskutiert.

4.4.1 LSH3, ein negativer Regulator der Keimung

Nachdem für LSH3 bereits eine reprimierende Funktion auf die Transaktivierungskapazität von ARR1 gezeigt werden konnte, wurde nach weiteren möglichen Funktionen von LSH3 gesucht. Erste Hinweise gaben die *microarray*-Analysen der Genvestigator Datenbank (Hruz et al., 2008), die eine Regulation von *LSH3* bei Experimenten unter Verwendung von Paclobutrazol (PAC) zeigten. Paclobutrazol ist ein Inhibitor der Gibberellin-Biosynthese, der die Oxidierung von *ent*-Kauren, einem frühen Produkt in der Gibberellin-Synthese, inhibiert (Wilson und Somerville, 1995). Ähnlich der Gibberellin-Biosynthesemutante *ga1* (Koornneef und Veen, 1980) sind solche Pflanzen fast vollständig gibberellin-insensitiv und zeigen starke Mangelphänotypen. Dies äußert sich vor allem in einem reduzierten Habitus, einer verringerten Apikaldominanz und einer schlechteren Keimungsrate (Koorneef et al., 1985; Richter et al., 2010). Analysen hinsichtlich der Funktion von LSH3 bei der Keimung zeigten eine deutlich schlechtere Keimungsrate der *LSH3*-Überexprimierer gegenüber dem Wildtyp auf Medium mit PAC (Abbildung 31 A). Dies deutet darauf hin, dass LSH3 ein negativer Regulator bei der Keimung ist. Allerdings zeigten die gleichen Linien keine Unterschiede hinsichtlich der Keimung auf Kontrollmedium, was eine generelle Funktion von LSH3 bei der Keimung eher ausschließt. Es ist denkbar, dass LSH3 eine Funktion im Gibberellinsignalweg hat und damit indirekt auch die Keimung beeinflusst.

Der Phänotyp der transgenen *LSH3*-Überexprimierer im *arr10arr12*-Hintergrund weist starke Ähnlichkeiten mit den Überexpressionsphänotypen von zwei GATA-Transkriptionsfaktoren auf. Die Überexpression sowohl von *GNC* (*GATA, NITRATE-INDUCIBLE, CARBON-METABOLISM INVOLVED*) als auch *GNL* (*GNC-LIKE*) resultierte in Pflanzen mit leichtem Zwergwuchs und einer verkleinerten Rosette (Richter *et al.*, 2010). Des Weiteren konnte für *35S::GNL*-Pflanzen eine reduzierte Anzahl an Lateralwurzeln und eine verminderte Elongation der Primärwurzel im Vergleich zum Wildtyp festgestellt werden (Köllmer *et al.*, 2011). Für beide Überexprimierer wurde, ähnlich den *LSH3*-Überexprimierern, eine Hypersensitivität gegenüber PAC festgestellt, was bedeuten könnte, dass LSH3 und GNC sowie GNL im gleichen Signalweg involviert sind. Die Kreuzung, sowohl von *gnc-* als auch von *gnl-*Knockoutlinien, mit der *ga1*-Mutante führte zu einer Abschwächung der gibberellin-defizienten Phänotypen (Richter *et al.*, 2010). Es wäre interessant zu beobachten, ob der Funktionsverlust von *LSH3* zu ähnlichen Ergebnissen führt. Allerdings konnte für *LSH3* bisher kein Knockout identifiziert werden. Eine Alternative zum Knockout ist der Knockdown eines Gens. Dies kann unter anderem durch die Erzeugung von transgenen amiRNA-Linien erreicht werden (Schwab *et al.*, 2006). Die Kreuzung solcher Linien mit der *ga1*-Mutante könnte zeigen, ob LSH3 eine ähnliche Funktion im Gibberellinsignalweg hat wie GNC oder GNL.

4.4.2 Beteiligung von LSH3 an der Weiterleitung von Lichtsignalen

Bisher konnte für LSH3 noch keine direkte Verbindung mit den lichtassoziierten Signalwegen nachgewiesen werden. Allerdings wurde für LSH1, einen nahen Verwandten von LSH3 innerhalb der LSH-Proteinfamilie, gezeigt, dass eine funktionelle Interaktion mit PhyA bei konstant blauem bzw. dunkelrotem Licht besteht (Zhao *et al.*, 2004). Interessanterweise ähnelt der Phänotyp der LSH1-Überexprimierer mit einem kürzeren Hypokotyl und vergrößerten Kotyledonen bei Rotlicht stark den T-DNA-Insertionsmutanten von *pif3* (Kim *et al.*, 2003; Zhao *et al.*, 2004). Bei den

PHYTOCHROM-INTERACTING FACTORS (PIFs) handelt es sich um Transkriptionsfaktoren des bHLH-Typs (zum Überblick siehe Duek und Fankhauser, 2005; Leivar und Quail, 2011), die an der Regulation der Phytochrom-Lichtrezeptoren beteiligt sind (Kim *et al.*, 2003; Bauer *et al.*, 2004). In den Untersuchungen zu *GNC* und *GNL* konnte durch Immunopräzipitation von PIF3:Myc(6x) eine Bindung an die Promotoren der beiden Gene gezeigt werden. Des Weiteren wurde gezeigt, dass PIF3 die Expression von *GNC* und *GNL* reprimiert (Richter *et al.*, 2010). Im vorangegangen Abschnitt wurde eine mögliche Verbindung von LSH3 und GNC bzw. GNL dargestellt. Es wäre denkbar, dass die PIFs auch die Expression von LSH3 regulieren. Dies könnte durch die Analyse der Bindung der PIFs an den Promotor von *LSH3* untersucht werden. Um eine Beteiligung von LSH3 an der Weiterleitung von Lichtsignalen näher zu untersuchen, könnte *LSH3*, wie in den Experimenten mit *LSH1 (*Zhao *et al.*, 2004*)*, in den Photorezeptormutanten überexprimiert werden. Die Ergebnisse könnten eine mögliche funktionelle Interaktion von LSH3 mit den Photorezeptoren aufdecken.

4.4.3 Funktionelle Interaktion von *LSH3* und Signalwegen im apikalen Sprossmeristem

Der ausgeprägte Sprossphänotyp der *LSH3*-Überexprimierer im *arr10arr12*-Hintergrund, mit dem starken Zwergwuchs und der kleineren Rosette, könnte auf eine Beteiligung von LSH3 an der Bildung des apikalen Sprossmeristems (SAM) hindeuten. Eine solche Funktion wurde bereits von Cho und Zambryski (2011) postuliert. Die Überexpression von *LSH3* resultierte in einer leicht veränderten Morphologie der Blütenorgane, was sich durch eine veränderte Anzahl an Petalen auszeichnete (Cho und Zambryski, 2011). Eine spezifische Überexpression von *LSH3* im SAM (*RPS5Ap::LSH3*) resultierte in Keimlingen mit dünneren Kotyledonen und kürzeren Petiolen. Des Weiteren war das Wachstum der Blätter verlangsamt, was sich in kleinen unregelmäßig geformten Blättern äußerte. In der reproduktiven Phase wiesen die transgenen Pflanzen eine erhöhte Anzahl an Sepalen auf und erzeugten gelegentlich zusätzliche Blütenorgane (Takeda et al., 2011). Untersuchungen zeigten, dass sowohl *LSH3* als auch *LSH4* direkte Zielgene von CUC1 sind und durch dieses hochreguliert werden (Takeda et al., 2011). Die CUP-SHAPED COTYLEDON (CUC)-Proteine sind pflanzenspezifische NAC-Transkriptionsfaktoren, die wichtige Funktionen bei der Entwicklung des SAM und der angrenzenden Gewebe haben (Aida et al., 1997, 1999; Vroemen et al., 2003; Aida und Tasaka, 2006a, b; Takeda und Aida, 2011). Es konnte gezeigt werden, dass die *CUC*s (*CUC1, CUC2* und *CUC3*) unter anderem in dem SAM angrenzenden Zellen exprimiert sind (Aida et al., 1999; Takada et al., 2001; Vroemen et al., 2003). Eine ähnliche Expression konnte auch in Promotor::GUS-Analysen für *LSH3* gezeigt werden (Takeda et al., 2011). Weiterhin konnte in der *cuc1cuc2*-Doppelmutante ein reduziertes Signal von *35S::LSH3:GFP* in den Grenzzellen des SAM beobachtet werden (Takeda et al., 2011). Einzelinsertionsmutanten der *CUC*s zeigten kaum phänotypische Veränderungen, während die *cuc1cuc2*-Doppelmutante fusionierte und kelchförmige (*cup-shaped*) Kotyledonen bildete (Aida et al., 1997, 1999). Obwohl weder *CUC1* noch *CUC2* im SAM exprimiert werden, zeigte die *cuc1cuc2*-Doppelmutante einen Verlust des embryonalen SAM (Aida et al., 1997). Es konnte gezeigt werden, dass die Expression des KNOTTED1-LIKE HOMEOBOX (KNOX)-Transkriptionsfaktors *Shoot Meristemless* (*STM*) durch CUC1 und CUC2 induziert wird (Aida et al., 1999). *STM* wird unter anderem in den Zellen exprimiert, aus denen das spätere SAM hervorgeht. Der Verlust der *STM*-Genfunktion in der *stm*-Mutante resultierte in einem Verlust des SAM und einer leichten Fusion der Kotyledonen an der Basis (Barton und Poethig, 1993; Clark et al., 1996). Die leichte Fusion der Kotyledonen dieser Mutante könnte darauf zurückzuführen sein, dass STM sowohl die Expression von *CUC1* als auch die der *microRNA164a* (*miR164a*) stimuliert (Spinelli *et al.*, 2011). Für die *miR164* konnte gezeigt werden, dass sie posttranskriptionell die CUCs negativ reguliert (Laufs *et al.*, 2004; Mallory *et al.*, 2004). Des Weiteren konnte gezeigt werden, dass niedrige Konzentrationen an Gibberellin bei gleichzeitig hohen Cytokinin-Konzentration für den Erhalt der Stammzellen des SAM erforderlich sind. So führte die verstärke Expression von *STM* zu einer Induzierung der Genexpression von *IPT7* und *ARR5* (Jasinski *et al.*, 2005; Yanai *et al.*, 2005) sowie einer Anreicherung der Cytokinine *trans*-Zeatin Ribosid 5´Monophosphat (tZMP) und *trans*-Zeatin Ribosid (tZR) (Yanai *et al.*, 2005). In den gleichen Studien wurde ebenfalls gezeigt, dass die verstärkte Expression von *STM* zu einer Induktion der Gene *GA2ox2* und *GA2ox4* führt, die eine Deaktivierung von bioaktiven Gibberellinen bewirken (Jasinski *et al.*, 2005). Dies zeigt, dass für die korrekte Bildung und Differenzierung des SAM sowie der umgebenden Gewebe eine strikte Regulierung der Konzentrationen der Phytohormone Cytokinin und Gibberellin durch die Transkriptionsfaktoren STM sowie der CUCs erforderlich ist. Die überlappende Expression von *LSH3* mit *CUC1* könnte bedeuten, dass LSH3 an der Regulation dieser Regulation beteiligt ist. Untersuchungen hinsichtlich der Genexpression von *LSH3* in den Mutanten der *CUC*s sowie von *STM* könnten eine Beteiligung von LSH3 an diesen Prozessen aufdecken.

4.4.4 LSH3, potentieller Mediator zwischen den Signalwegen

In den vorangegangenen Abschnitten wurde eine mögliche Beteiligung von *LSH3* an diversen Signalwegen diskutiert. Es stellt sich die Frage, ob LSH3 in diesen Signalwegen unabhängige Funktionen erfüllt, oder ob es als eine Art Schaltzentrale die verschiedenen Komponenten miteinander vernetzen kann. Die Untersuchungen der PIFs sowie von GNC und GNL deuten darauf hin, dass die PIFs sowohl im Gibberellinsignalweg als auch bei der Antwort auf Lichtstimuli beteiligt sind. Sie könnten demnach eine Verbindung zwischen diesen Signalwegen herstellen. Auch Cytokinin konnte, durch die Identifikation der molekularen Interaktion zwischen ARR4 und PhyB, bereits mit der Verarbeitung von Lichtstimuli in Verbindung gebracht werden (Sweere *et al.*, 2001; Mira-Rodado *et al.*, 2007). Interessanterweise zeigten die Studien von Takeda und Kollegen (Takeda *et al.*, 2011) ein unterschiedliches Verhalten der *pLSH3::GUS*-Expression in den über- und unterirdischen Pflanzenteilen von *cuc1cuc2*-Doppelmutanten. Während die Intensität des *pLSH3::GUS*-Signals in der Doppelknockoutmutante von *CUC1* und *CUC2* im SAM drastisch reduziert war, konnte keine Veränderung der GUS-Expression in der Wurzelspitze beobachtet werden. Dies könnte auf eine mögliche Beteiligung von lichtgesteuerten Prozessen an der Regulation von *LSH3* hindeuten. Neben der Verbindung zwischen Cytokinin und Licht gibt es Wechselwirkungen zwischen den Signalwegen von Cytokinin und Gibberellin. So wird zum Beispiel die Expression von *ARR1* in den ersten fünf Tagen der Samenentwicklung durch Gibberellin reprimiert (Moubayidin *et al.*, 2010). Der Verlust der N-Acetylglucosamin (GlcNAc)-transferase *Spindly* (*Spy*) resultiert in einer reduzierten Antwort der Pflanzen auf exogenes Cytokinin in Wurzelelongationsassays. Ferner konnte in den *spy-4* Mutanten eine reduzierte Antwort der Typ-A ARR Gene *ARR5* und *ARR7* nach der Induktion mit 5 µM BA nachgewiesen werden (Greenboim-Wainberg *et al.*, 2005). Des Weiteren konnte für die *spy*-Mutation gezeigt werden, dass sie die Gibberellinmangel-Phänotypen der GA-insensitiven *ga1*-Mutante unterdrückt (Wilson und Somerville, 1995; Filardo und Swain, 2003). SPINDLY ist demnach sowohl ein negativer Regulator der Gibberellin- als auch ein positiver Regulator der Cytokininantwort.

Die bisherigen Daten deuten an, dass die Signalwege von Gibberellin, Cytokinin und Licht miteinander verknüpft sind. Für LSH3 konnte eine mehr oder weniger direkte Beteiligung an jedem dieser Signalwege gezeigt bzw. postuliert werden. Daher ist es vorstellbar, dass LSH3 als Mediator zwischen diesen Signalwegen fungiert. Die *yeast two-hybrid*-Interaktionen von LSH3 mit verschiedenen, am Proteinabbau beteiligten Faktoren deuten für LSH3 eine wichtige Funktion bei der Steuerung des Proteinabbaus verschiedener Komponenten der einzelnen Signalwege an.

4.5 Untersuchungen der Wirkungsweise von LSH3 deuten auf einen regulatorischen Komplex von LSH3, ARR1 und weiteren Faktoren hin

Die in dieser Arbeit durchgeführten Experimente deuten auf eine reprimierende Funktion von LSH3 auf ARR1 *in vivo* hin. Es konnte allerdings bisher nicht geklärt werden, wie LSH3 die Repression vermittelt. Die fehlende Bindung von LSH3 an den Promoter von *ARR6 in vitro* könnte bedeuten (Abbildung 19), dass LSH3 die Transaktivierung von ARR1 nicht als passiver Repressor inhibiert. Auch eine mögliche Regulierung durch die Veränderung der *ARR1*-Transkriptmengen konnte durch die quantitativen *real-time*-PCRs nicht unterstützt werden (Abbildung 34). Die Ergebnisse weisen eher auf einen Mechanismus hin, der ARR1 auf posttranskriptioneller Ebene steuert. In meiner Arbeit konnte weder in den *yeast two-hybrid*- noch den Ko-Immunopräzipitations-Experimenten eine direkte Interaktion zwischen ARR1 und LSH3 nachgewiesen werden, was die Beteiligung weiterer Regulationsfaktoren wahrscheinlich erscheinen lässt. Für den genauen Mechanismus der Reprimierung von ARR1 gibt es mehrere Regulationsmöglichkeiten, von denen einige in den nachfolgenden Abschnitten diskutiert werden sollen. Da für diesen Teil der Diskussion jedoch kaum experimentelle Daten vorliegen, ist er eher spekulativer Natur.

4.5.1 Identifikation von WRKY6 als potentiellem Ko-Regulator der ARR1-Funktion

Wenn an der *LSH3*-abhängigen Reprimierung von ARR1 noch ein weiterer Faktor beteiligt ist, so müsste dieser zumindest mit einem der beiden Proteine interagieren. In der Vergangenheit waren bereits *yeast two-hybrid screens* für ARR1 durchgeführt worden (Dortay *et al.*, 2008), während für LSH3 noch keine Interaktionsdaten vorlagen. Aus diesem Grund wurden in dieser Arbeit *yeast two-hybrid screens* mit LSH3 durchgeführt. Falls es Interaktionspartner gibt, die mit beiden Faktoren interagieren, so sollten sie auch in den *screens* mit beiden Proteinen gefunden werden. Der Vergleich der Interaktionspartner beider *screens* konnte allerdings solche Faktoren nicht identifizieren. Jedoch wurde in den LSH3-*screens* mit WRKY6 ein anderer interessanter Kandidat für eine Ko-Regulation von ARR1 gefunden. Zum einen gehört WRKY6 selber zur Gruppe der Transkriptionsfaktoren und kann dadurch die Expression von Genen verändern, die möglicherweise an der Regulation von ARR1 beteiligt sind. Zum anderen zeigte die nähere Analyse des Promotors von *ARR6* zwei potentielle WRKY-Bindemotive (W-Box) auf (Abbildung 36). Interessanterweise deuten die Positionen der beiden W-Boxen im *ARR6*-Promotor auf eine Beteiligung von WRKY-Faktoren an der Cytokininantwort hin. Beide Motive liegen innerhalb des -279 bp-Fragments des *ARR6*-Promotors, das in den PTA-Analysen noch die volle Cytokininantwort vermittelt hatte (Abbildung 5). Die schrittweise Deletion der W-Boxen korrelierte mit der Verminderung der Cytokininantwort des *ARR6*-Promotors. So war in den Analysen mit dem -220 bp-Fragment des *ARR6*-Promotors, in dem eine der W-Boxen deletiert wurde, eine Verringerung der Cytokininantwort zu erkennen. Die Deletion beider W-Boxen resultierte in einem drastischen Verlust der Cytokininantwort. Wenn die W-Boxen einen Teil der Cytokininantwort vermitteln, so sollten PTA-Analysen mit mutierten W-Boxen im *ARR6*-Promotor dies aufzeigen. Die

Untersuchungen der Bindespezifität verschiedener WRKY-Faktoren zeigten, dass WRKY6 bevorzugt an die Sequenz 5'-TTGACT-3' bindet (Ciolkowski *et al.*, 2008), welche auch in beiden W-Boxen des Promotors von *ARR6* vertreten ist. Weitere *yeast two-hybrid*-Analysen zeigten für WRKY6 eine Interaktion sowohl mit LSH3 als auch mit ARR1 (Abbildung 37). Ebenso wie für *ARR1* und *LSH3* konnte für *WRKY6* eine Expression in der Wurzel nachgewiesen werden (Robatzek und Somssich, 2001). Nach der Induktion mit Auxin wurde eine deutliche Reduktion der *WRKY6*-Expression in den Wurzeln beobachtet. Auch eine Verbindung mit Licht konnte für *WRKY6* nachgewiesen werden, da es nur in dunkelgewachsenen Keimlingen im Hypokotyl exprimiert wird (Robatzek und Somssich, 2001). Des Weiteren kann der Phänotyp auf Phosphatmangelmedium des *wrky6-1*-Knockouts unter Kurztagbedingungen nicht mehr beobachtet werden (Chen *et al.*, 2009). Auch für ARR1 konnte bereits eine Verbindung zu Auxin festgestellt werden, da zu den direkten Zielgenen von ARR1 auch *Short Hypocotyl 2* (*SHY2*) zählt (Taniguchi *et al.*, 2007; Dello Ioio *et al.*, 2008). *SHY2* gehört zu der *Auxin/Indole-3-Acetic Acid Inducible* (*Aux/IAA*)-Genfamilie, die als negative Regulatoren den Auxinsignalweg kontrollieren (Dello Ioio *et al.*, 2008). Der Funktionsverlust des *SHY2*-Gens führt, ebenso wie die Überexpression von *LSH3*, zu einer reduzierten Anzahl an Lateralwurzeln (Goh *et al.*, 2012). Weiterhin wurde für *SHY2* eine lichtabhängige Regulation gezeigt (Tian *et al.*, 2002). Die hier dargestellten Fakten deuten darauf hin, dass WRKY6 an der LSH3-abhängigen Regulation von ARR1 beteiligt sein könnte. Allerdings ist bisher noch unklar, wie die Regulation gesteuert werden könnte.

4.5.2 WRKY6, Brückenprotein zwischen ARR1 und LSH3?

Eine Möglichkeit der Regulation der Transaktivierungskapazität von ARR1 ist in Abbildung 41 A dargestellt. Durch die Bindung von WRKY6 wird die Aktivierung der Transkription durch ARR1 inhibiert. In diesem Modell ist eine Interaktion von WRKY6 mit ARR1 zwar möglich, allerdings für die Funktion von WRKY6 als passiver Repressor nicht notwendig. Daher sollten die gezeigten Interaktionen von WRKY6 mit ARR1 und LSH3 der *yeast two-hybrid*-Untersuchungen mittels bimolekularer Fluoreszenzkomplementation (BiFC) (Hu *et al.*, 2002) bestätigt werden. Eine weitere Möglichkeit besteht in der Funktion von WRKY6 als Ko-Aktivator von ARR1 (Abbildung 41 B). Nach der Bindung von WRKY6 an den Promotor von *ARR6* könnte es zu einer Rekrutierung von ARR1 und einer anschließenden Aktivierung der Transkription kommen. Ein ähnliches Prinzip wurde bereits für den Typ-B ARR ARR2 und der TGA3-abhängigen Aktivierung des *PR1*-Gens gezeigt (Choi *et al.*, 2010). Beide Modelle setzen eine Bindung an den Promotor von *ARR6* voraus, weshalb die Bindung von WRKY6 an den Promotor in Gelretardationsassays näher untersucht werden sollte. In beiden Modellen führt außerdem die gleichzeitige Überexpression von *WRKY6* und *ARR1* in den PTA-Untersuchungen zu einer veränderten Transaktivierung des *ARR6*-Reporterkonstruktes durch ARR1. Allerdings konnte bei den entsprechenden Untersuchungen keine veränderte Expression des Reporterkonstruktes beobachtet werden (Abbildung 38).

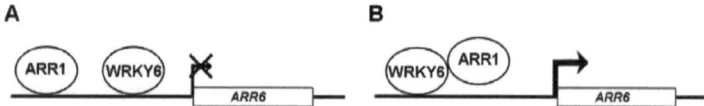

Abbildung 41: Schematische Darstellung der Wirkungsweise von WKRY6 als negativer bzw. positiver Ko-Regulator von ARR1. (A) WRKY6 als negativer Ko-Regulator. WRKY6 bindet an die im Promotor von *ARR6* vorhandenen W-Boxen und blockiert die Transaktivierung durch ARR1. **(B)** WRKY6 als positiver Ko-Regulator. WRKY6 bindet an den Promotor von *ARR6*, wodurch es zu einer Rekrutierung von ARR1 und einer anschließenden Transaktivierung kommt.

Es wäre möglich, dass die Anwesenheit von LSH3 notwendig ist damit WRKY6 als Ko-Regulator agieren kann. In diesem Zusammenhang wäre eine Veränderung des Phosphorylierungsstatus von WRKY6 durch LSH3 vorstellbar, was allerdings eine Kinase- bzw. Phosphataseaktivität von LSH3 voraussetzen würde. Für ein WRKY-Homolog in Tabak konnte bereits gezeigt werden, dass die Inkubation von nuklearem Kernextrakt mit Alkalischer Phosphatase zu einer verminderten Bindung des Transkriptionsfaktors an die Zielsequenz führt (Yang et al., 1999). In Arabidopsis wurde für WRKY53 eine Interaktion mit der MITOGEN ACTIVATED PROTEIN KINASE KINASE KINASE (MEKK1) nachgewiesen (Miao et al., 2007; Miao et al., 2008). Die Untersuchungen zeigten, dass WRKY53 durch MEKK1 phosphoryliert wird. Ferner konnte gezeigt werden, dass die MEKK1-abhängige Phosphorylierung von WRKY53 zu einer erhöhten DNA-Bindung von WRKY53 an die Ziel-DNA führt (Miao et al., 2007). Die gleichzeitige Expression von *WRKY6*, *LSH3* und *ARR1* in den PTA-Versuchen resultierte in einem Verlust der LSH3-abhängigen Reprimierung der Transaktivierungskapazität von ARR1 (Abbildung 39), was darauf hindeutet, dass WRKY6 seinerseits einen negativen Einfluss auf die Funktion von LSH3 zu haben scheint. Da WRKY6 ein Transkriptionsfaktor ist, könnte es sein, dass er die Menge an *LSH3*-Transkript reguliert. Analysen des Promotors von *LSH3* konnten eine W-Box (5'-TTGAC-C/T-3') etwa 2,5 kb aufwärts des potentiellen Translationsstarts identifizieren. Quantitative RT-PCR-Analysen der *LSH3*-Transkriptmengen in den Knockouts sowie den Überexprimierern von WRKY6 könnten eine transkriptionelle Regulation von *LSH3* durch WRKY6 aufzeigen. Des Weiteren wäre auch ein posttranskriptioneller Regulationsmechanismus vorstellbar, wie beispielsweise eine Veränderung der Proteinstabilität von LSH3 durch WRKY6. Erste Experimente hinsichtlich der Stabilität von LSH3, unter Verwendung von Inhibitoren der Proteinbiosynthese (Cycloheximid) sowie des 26S-Proteasoms (MG132), deuteten einen Proteinabbau über das 26S-Proteasom an (Daten nicht gezeigt). Wenn LSH3 über das 26S-Proteasom abgebaut wird, dann würde die Zugabe von MG132 in den PTAs (Abbildung 35) in einer Anreicherung der LSH3-Proteine resultieren, was wiederum zu einer verstärkten Reprimierung von ARR1 führte. Dies würde erklären, warum die Transaktivierungskapazität von ARR1 nach Zugabe von MG132 so stark abnimmt. Es wäre allerdings interessant zu beobachten, wie sich in diesem Experiment die gleichzeitige Expression von *WRKY6* auf die Transaktivierung des *ARR6*-Reporterkonstruktes auswirkt.

Die bisherige Diskussion beschränkte sich ausschließlich auf die Analysen von ARR1, LSH3 und WRKY6 ohne Zugabe von Cytokinin. Nach der Zugabe des Selbigen konnte eine durch *WRKY6* verstärkte Aktivierung des *ARR6*-Promotors durch ARR1 festgestellt werden. Die Ergebnisse deuten darauf hin, dass WRKY6 nach der Induktion mit Cytokinin als Ko-Aktivator für ARR1 fungiert und dass dieser Effekt durch LSH3 weiter verstärkt wird (Abbildung 39). Eine mögliche Aktivierung von WRKY6 durch Phosphorylierung nach Induktion mit Cytokinin kann nicht ausgeschlossen und sollte näher untersucht werden. Dazu könnten die PTA-Versuche mit Protoplasten aus verschiedenen Einzel- und Doppelknockoutmutanten der Cytokininrezeptorgene wiederholt werden. Dies würde zeigen, ob eine funktionelle Cytokininsignalweiterleitung notwendig ist, damit WRKY6 als Ko-Aktivator fungieren kann. Die Verwendung der Rezeptordreifachmutante sowie der AHP-Quintupelmutante in PTA-Analysen dürfte aufgrund der starken Phänotypen nicht praktikabel sein. Experimente mit den Protoplasten aus *WRKY6*-überexprimierenden Pflanzen würden zeigen, ob die *LSH3*-abhängige Reprimierung der Transaktivierungskapazität von ARR1, ohne zusätzliche Transformation eines *35S::WRKY6*-Konstruktes, unterdrückt wird.

Die in dieser Arbeit durchgeführten Experimente deuten auf einen komplexen regulatorischen Mechanismus bei der Transaktivierung des *ARR6*-Promotors durch ARR1 hin. Unter anderem konnte die Beteiligung von LSH3 und WRKY6 an der Regulation nachgewiesen werden. Die bisherigen Daten deuten darauf hin, dass vor und nach Induktion durch Cytokinin unterschiedliche regulatorische Mechanismen ablaufen. Abbildung 42 stellt schematisch eine Möglichkeit dar, wie diese Regulation ablaufen könnte. Ohne Cytokinin hat LSH3 einen negativen Effekt auf die Transaktivierungskapazität von ARR1. Dieser kann durch die gleichzeitige Expression von WRKY6 aufgehoben werden, was WRKY6 zu einem Repressor von LSH3 macht (Abbildung 42 A).

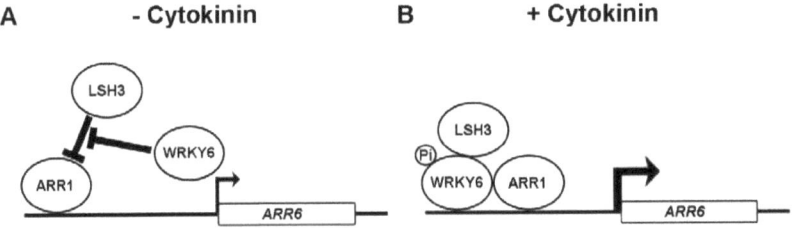

Abbildung 42: Modell der Regulation von ARR1 durch LSH3 und WRKY6. (A) Wirkungsweise der Regulation von ARR1 durch LSH3 und WRKY6 ohne Zugabe von exogenem Cytokinin. LSH3 reprimiert die Transaktivierung des *ARR6*-Promotors durch ARR1, während WRKY6 auf ebendiese Funktion von LSH3 negativ wirkt. **(B)** Nach der Zugabe von exogenem Cytokinin könnte WRKY6 phosphoryliert werden und als Komplex mit LSH3 an den *ARR6*-Promotor binden. Anschließend würde es zu einer Rekrutierung von ARR1 an den Promotor sowie einer Aktivierung seiner Transaktivierung kommen. Pi – Phosphatrest.

Mit Cytokinin resultiert die Expression von WRKY6 und ARR1 in einer verstärkten Transaktivierung des *ARR6*-Promotors, die durch Zugabe von LSH3 noch weiter verstärkt wird. Das bedeutet, dass sowohl LSH3 als auch WRKY6 durch die Zugabe von Cytokinin ihre Funktionen als Repressoren verlieren und zu Ko-Aktivatoren werden. Die Zugabe von Cytokinin könnte unter anderem zu einer Phosphorylierung von WRKY6 führen, welches dadurch stabilisiert bzw. aktiviert wird, als Komplex mit LSH3 an die *ARR6*-Promotor-DNA bindet und als Ko-Aktivatorkomplex für ARR1 fungiert (Abbildung 42 B). Ein ähnlicher Mechanismus wurde bereits für den WRKY-Faktor TOBACCO DNA-BINDING ACTIVITIES12 (TDBA12) aus Tabak postuliert. Gelretardationsexperimente mit TDBA12 zeigten eine reduzierte Bindung an DNA nach der Behandlung mit Alkalischer Phosphatase sowie Natriumdeoxycholat, einem protein-dissoziierenden Agenz (Yang *et al.*, 1999). Für WRKY6 konnte bisher noch keine Modifikation durch Phosphorylierung gezeigt werden. Allerdings resultiert der Phosphatmangel in Arabidopsis in sowohl einer verstärkten Expression des *WRKY6*-Gens als auch einer schlechteren Bindung von WRKY6 an den Promotor von *Pho1*. Des Weiteren wird WRKY6 durch einen Mangel an Phosphat schneller abgebaut. Da dies durch die Zugabe von MG132 nicht mehr beobachtet werden konnte, ist ein Abbau von WRKY6 über das 26S-Proteasom sehr wahrscheinlich (Chen *et al.*, 2009). Anhand dieser Daten ist die Möglichkeit einer Regulation von WRKY6 durch Phosphorylierung und/oder den Abbau über das 26S-Proteasom in Betracht zu ziehen und sollte nähergehend untersucht werden.

Die Ergebnisse dieser Arbeit und die Daten aus der Literatur deuten an, dass an der Regulation von ARR1 durch WRKY6 und LSH3 unter anderem der Licht- sowie der Cytokininsignalweg und der Proteinabbau über das 26S-Proteasom beteiligt sind. Auch eine Verbindung zu Auxin über *WRKY6* und *SHY2* kann nicht ausgeschlossen werden. Des Weiteren deuten die Phänotypen der *LSH3*-Überexprimierer auf eine Beteiligung von Gibberellin hin. Da die PTA-Experimente eine Inkubation von 16 Stunden vorsehen, wäre es möglich, dass die hier gezeigten Ergebnisse indirekte Effekte anderer Signalwege sind. Zukünftige Analysen der Knockoutmutanten von *wrky6*, *shy2* und *arr1* sowie ihrer Überexprimierer werden Aufschluss über die genetischen Interaktionen dieser Proteine geben.

4.6 Ausblick

Die Ergebnisse dieser Arbeit deuten auf einen regulatorischen Mechanismus für ARR1 hin, an dem sowohl LSH3 als auch WRKY6 beteiligt sind. Es bleiben allerdings viele Fragen offen. Wirken LSH3 und WRKY6 über den gleichen Signalweg, oder handelt es sich um zwei unterschiedliche Mechanismen? Analysen sowohl der Transkript- als auch der Proteinmengen von LSH3 in den *wrky6*-Knockouts und den WRKY6-Überexpremierern könnten zeigen, ob LSH3 durch WRKY6 reguliert wird. Bisher konnte auch noch nicht gezeigt werden, ob WRKY6 direkt an den *ARR6*-Promotor binden kann. Ein Gelretardationsassay mit rekombinantem WRKY6-Protein und dem -350 bp-Fragment des *ARR6*-Promotors könnte dies aufklären. Dabei sei angemerkt, dass sich die WRKY-Proteine nur sehr schlecht in *E. coli* überexprimieren lassen (Ciolkowski *et al.*, 2008). Die fehlende Bindung von LSH3 an den Promotor von *ARR6 in vitro* steht im Widerspruch zu den *yeast one-hybrid*-Analysen. Es wäre denkbar, dass LSH3 in der Hefe mit Faktoren interagiert, die an den Promotor von *ARR6* binden können und dadurch als transaktivierender Faktor von *ARR6* identifiziert wurde. Ein GRA mit einem Proteinextrakt der Hefe und dem *ARR6*-Promotor könnte zeigen, ob ein solcher Faktor in der Hefe vorliegt.

Bisher wurde die LSH3-Funktion *in planta* aufgrund der Observation der reduzierten Sprosshöhe und des Rosettendurchmessers, der *LSH3*-Überexpremierer im *arr10arr12* Hintergrund, analysiert. Es stellt sich die Frage, ob diese Phänotypen durch die Reprimierung der ARR1-Funktion hervorgerufen werden. Die Analyse der Überexpression von *LSH3* in anderen Knockouts der Typ-B ARR könnte zeigen, ob LSH3 spezifisch auf ARR1 wirkt. Für die *arr1arr10arr12*-Dreifachknockoutmutante konnte ein vollständiger Verlust an Metaxylem in der Wurzel gezeigt werden (Yokoyama *et al.*, 2007). Die Analyse der Verteilung von Proto- und Metaxylem in den Wurzeln der *LSH3*-Überexpremierer mit *arr10arr12*-

Hintergrund könnte zeigen, ob LSH3 die ARR1-Funktion in diesen transgenen Linien reprimiert.

Erst kürzlich wurde die Detektion von endogenem ARR1 unter der Verwendung eines spezifischen Antikörpers publiziert (Zheng et al., 2011). Mit diesem Antikörper könnte in den transgenen 35S::GFP:LSH3[arr10arr12]-Linien untersucht werden, ob eine Veränderung in der Menge an ARR1-Protein vorliegt. Die Kreuzung dieser Linien mit unterschiedlichen Mutanten des 26S-Proteasoms könnte zeigen, ob und auf welcher Ebene der Proteinabbau den Phänotyp dieser Linien hervorruft. In diesem Zusammenhang wäre auch die Kreuzung mit den Knockouts und Überexprimierern von WRKY6 hilfreich. Die Ergebnisse der PTAs zeigten eine teilweise Reversion des reprimierenden Effektes von LSH3 auf ARR1 nach Zugabe von Cytokinin. Es wäre interessant zu beobachten, ob das Besprühen der transgenen 35S::GFP:LSH3[arr10arr12]-Linien mit Cytokinin zu einer Komplementation der reduzierten Sprosshöhe und des Rosettendurchmessers dieser Linien führt.

Bisher konnte noch kein Knockoutallel von *LSH3* identifiziert werden. Daher wäre eine Untersuchung von amiRNA-Linien von *LSH3* sehr aufschlussreich. Sie könnten zeigen, ob der Lateralwurzelphänotyp und die verzögerte Keimung auf Medium mit Paclobutrazol durch *LSH3* verursacht werden, oder nur Artefakte der Überexpression sind. Die Kreuzung solcher Linien mit den *35S::GFP:LSH3[arr10arr12]*-Pflanzen könnte zu einer teilweisen Komplementation der Phänotypen führen.

5 Zusammenfassung

In Pflanzen kontrollieren Phytohormone, zu denen auch Cytokinin zählt, viele Prozesse des Wachstums und der Entwicklung. Unter anderem ist Cytokinin an der Meristementwicklung von Spross und Wurzel, der Blattseneszenz sowie der Chloroplastenentwicklung beteiligt.

In dieser Promotionsarbeit sollten zunächst *cis*-regulatorische Elemente identifiziert werden, die für die Cytokininsignalweiterleitung wichtig sind. Mit Hilfe von Promotordeletionsanalysen von bereits vorhandenen Fragmenten des Typ-A ARR Gens *ARR6* konnte im Protoplast-*trans*-Aktivierungssystem (PTA) ein 27 bp langes DNA-Fragment identifiziert werden, welches einen Teil der Cytokininantwort vermittelt. Nach der erfolgreichen Expression und Aufreinigung der DNA-Bindedomäne (DBD) des Typ-B ARR ARR1 in *E. coli* konnte durch Gelretardationsassays gezeigt werden, dass GST:ARR1-DBD nicht an dieses DNA-Fragment binden kann. In weiteren Analysen des *ARR6*-Promotors wurde mit Hilfe des *yeast one-hybrid*-Systems nach *trans*-Faktoren gesucht, die an das 27 bp-DNA-Fragment binden können. Unter anderem konnte mit diesem System eine Transaktivierung des Promotors von *ARR6* durch das LIGHT SENSITIVE HYPOCOTYL 3 (LSH3) gezeigt werden. Trotz der fehlenden Bindung von LSH3 *in vitro* wurde ein reprimierender Effekt auf die Transaktivierungskapazität von ARR1 *in vivo* nachgewiesen, der durch Zugabe von Cytokinin teilweise revertiert werden konnte. In Tabakepidermiszellen transient exprimierte LSH3:GFP-Fusionsproteine zeigten eine Lokalisation im Zellkern. Analysen von *LSH3* überexprimierenden Pflanzen zeigten eine signifikant geringere Anzahl an Lateralwurzeln im Vergleich zum Wildtyp. Des Weiteren konnte eine schlechtere Keimungsrate der Überexprimierer auf Medium mit Paclobutrazol, einem Inhibitor der Gibberellinbiosynthese, observiert werden. Die Überexpression von *LSH3* im *arr10arr12*-Doppelknockout resultierte in Pflanzen mit starkem Zwergwuchs, der stark dem Phänotyp der *arr1arr10arr12*-Dreichfachmutante ähnelte. Eine Analyse der Transkriptmengen von *ARR1* in den *LSH3*-Überexprimierern deutete auf einen posttranskriptionellen Regulationsmechanismus von LSH3 hin. Protein-Protein-Interaktionsstudien mit dem *yeast two-hybrid*-System und Ko-Immunopräzipitation konnten allerdings keinerlei Interaktionen von LSH3 mit den Typ-B- bzw. Typ-A ARR nachweisen. *Yeast two-hybrid*-Untersuchungen identifizierten den Transkriptionsfaktor WRKY6 als Interaktionspartner von LSH3. Weitergehende Analysen zeigten ebenfalls eine Interaktion von WRKY6 mit ARR1. PTA-Analysen zur Funktion von WRKY6 zeigten keine Veränderung der Transaktivierungskapazität von ARR1 ohne Zugabe von Cytokinin. Allerdings konnte die *LSH3*-abhängige Reprimierung der Transaktivierungskapazität von ARR1 durch die Expression von *WRKY6* aufgehoben werden. Nach der Induktion mit Cytokinin resultierte die Expression von *WRKY6* in einem positiven Effekt auf die Transaktivierungskapazität von ARR1. Dieser Effekt wurde durch die Koexpression von *LSH3* noch weiter verstärkt.

6 Summary

Phytohormones have a great impact on plant growth and development. Cytokinins are one phytohormone class which is involved in the development of the shoot and root meristem, the leaf senescence and the development of chloroplasts.

An aim of this thesis has been the identification of potential *cis*-regulatory elements involved in the cytokinintransduction. Promoter deletion analysis of the type-A ARR gene *ARR6* in protoplast-*trans*-activation assays (PTAs) identified a 27 bp long DNA-fragment which mediates part of the cytokinin signal. After expression and purification of the DNA-binding domain of ARR1 in *E. coli* it was shown that GST:ARR1-DBD could not bind to the 27 bp DNA-fragment *in vitro*. Yeast one-hybrid screens with the promoter of *ARR6* should identify potential *trans*-factors for the 27 bp fragment. Among others these screens identified Light Sensitive Hypocotyl 3 (LSH3). Despite the lack of binding to the *ARR6* promoter in gel shift assays it could be shown that LSH3 represses the transactivation capacity of ARR1 *in vivo* and that this effect can be reverted by application of exogenous cytokinin. In tobacco leafs transiently expressed GFP-fusions showed a nuclear localization for LSH3. Overexpressors of *LSH3* resulted in plants with a reduced number of lateral roots and a strongly impaired germination on media containing paclobutrazole, an inhibitor of gibberellin synthesis. The overexpression of *LSH3* in the background of the *arr10arr12* mutant resulted in dwarfed plants which resemble the *arr1arr10arr12* phenotype.

Analysis of the *ARR1* transcript level in the *LSH3* overexpressors points toward a regulatory mechanism for LSH3 at the posttranscriptional level. Protein-protein interaction studies with the yeast two-hybrid system and co-immunoprecipitation assays showed no interaction between LSH3 and any of the type-B nor type-A ARR. Yeast two-hybrid studies identified the transcription factor WRKY6 as an interaction partner for LSH3 and ARR1. Functional studies for WRKY6 in PTA experiments showed no effect on the transcriptional capacity of ARR1 without cytokinin. However, overexpression of *WRKY6* could completely reverse the negative effect on the ARR1 transactivation capacity caused by LSH3. After induction with cytokinin the *WRKY6* expression resulted in an increased transactivation of the *ARR6* promoter by ARR1. This effect was even stronger when *LSH3* was coexpressed with *WRKY6* and *ARR1*.

7 Bibliographie

Adkins, N.L., Hagerman, T.A., und Georgel, P. (2006). GAGA protein: a multi-faceted transcription factor. Biochem Cell Biol **84**, 559-567.

Aida, M., und Tasaka, M. (2006a). Genetic control of shoot organ boundaries. Curr Opin Plant Biol **9**, 72-77.

Aida, M., und Tasaka, M. (2006b). Morphogenesis and patterning at the organ boundaries in the higher plant shoot apex. Plant Mol Biol **60**, 915-928.

Aida, M., Ishida, T., und Tasaka, M. (1999). Shoot apical meristem and cotyledon formation during Arabidopsis embryogenesis: interaction among the CUP-SHAPED COTYLEDON and SHOOT MERISTEMLESS genes. Development **126**, 1563-1570.

Aida, M., Ishida, T., Fukaki, H., Fujisawa, H., und Tasaka, M. (1997). Genes involved in organ separation in *Arabidopsis*: an analysis of the cup-shaped cotyledon mutant. Plant Cell **9**, 841-857.

Akiyoshi, D.E., Klee, H., Amasino, R.M., Nester, E.W., und Gordon, M.P. (1984). T-DNA of *Agrobacterium tumefaciens* encodes an enzyme of cytokinin biosynthesis. P Natl Acad Sci USA **81**, 5994-5998.

Amasino, R. (2005). 1955: kinetin arrives: the 50th anniversary of a new plant hormone. Plant Physiol **138**, 1177-1184.

Arabidopsis-Genome-Initiative. (2000). Analysis of the genome sequence of the flowering plant Arabidopsis thaliana. Nature **408**, 796-815.

Ausubel, F.M., Brent, R., Kingston, R.E., Moore, D.D., Seidman, J.G., Smith, J.A., und Struhl, K. (1994). Current Protocols in Molecular Biology. Greene Publishing Associates, Inc., and John Wiley & Sons, Inc., Boston, MA.

Backman, T.W., Sullivan, C.M., Cumbie, J.S., Miller, Z.A., Chapman, E.J., Fahlgren, N., Givan, S.A., Carrington, J.C., und Kasschau, K.D. (2008). Update of ASRP: the Arabidopsis Small RNA Project database. Nucleic Acids Res **36**, D982-985.

Barry, G.F., Rogers, S.G., Fraley, R.T., und Brand, L. (1984). Identification of a Cloned Cytokinin Biosynthetic Gene. P Natl Acad Sci USA **81**, 4776-4780.

Barton, M.K., und Poethig, R.S. (1993). Formation of the shoot apical meristem in Arabidopsis thaliana: an analysis of development in the wild type and in the shoot meristemless mutant. Development **119**, 823-831.

Bartrina, I., Otto, E., Strnad, M., Werner, T., und Schmulling, T. (2011). Cytokinin Regulates the Activity of Reproductive Meristems, Flower Organ Size, Ovule Formation, and Thus Seed Yield in Arabidopsis thaliana. Plant Cell **23**, 69-80.

Bauer, D., Viczian, A., Kircher, S., Nobis, T., Nitschke, R., Kunkel, T., Panigrahi, K.C., Adam, E., Fejes, E., Schafer, E., und Nagy, F. (2004). Constitutive photomorphogenesis 1 and multiple photoreceptors control degradation of phytochrome interacting factor 3, a transcription factor required for light signaling in Arabidopsis. Plant Cell **16**, 1433-1445.

Bernard, P., und Couturier, M. (1992). Cell killing by the F plasmid CcdB protein involves poisoning of DNA-topoisomerase II complexes. J Mol Biol **226**, 735-745.

Bertani, G. (1951). Studies on lysogenesis. I. The mode of phage liberation by lysogenic Escherichia coli. J Bacteriol **62**, 293-300.

Bilyeu, K.D., Cole, J.L., Laskey, J.G., Riekhof, W.R., Esparza, T.J., Kramer, M.D., und Morris, R.O. (2001). Molecular and biochemical characterization of a cytokinin oxidase from maize. Plant Physiology **125**, 378-386.

Blom, N., Gammeltoft, S., und Brunak, S. (1999). Sequence and structure-based prediction of eukaryotic protein phosphorylation sites. J Mol Biol **294**, 1351-1362.

Brenner, W.G., Romanov, G.A., Köllmer, I., Bürkle, L., und Schmülling, T. (2005). Immediate-early and delayed cytokinin response genes of *Arabidopsis thaliana* identified by genome-wide expression profiling reveal novel cytokinin-sensitive processes and suggest cytokinin action through transcriptional cascades. Plant Journal **44**, 314-333.

Brzobohaty, B., Moore, I., Kristoffersen, P., Bako, L., Campos, N., Schell, J., und Palme, K. (1993). Release of active cytokinin by a beta-glucosidase localized to the maize root meristem. Science **262**, 1051-1054.

Bürkle, L., Meyer, S., Dortay, H., Lehrach, H., und Heyl, A. (2005). *In vitro* recombination cloning of entire cDNA libraries in *Arabidopsis thaliana* and its application to the yeast two-hybrid system. Functional and Integrative Genomics **5**, 175-183.

Caesar, K., Thamm, A.M., Witthoft, J., Elgass, K., Huppenberger, P., Grefen, C., Horak, J., und Harter, K. (2011). Evidence for the localization of the Arabidopsis cytokinin receptors AHK3 and AHK4 in the endoplasmic reticulum. Journal of Experimental Botany.

Calvin, N.M., und Hanawalt, P.C. (1988). High-efficiency transformation of bacterial cells by electroporation. J Bacteriol **170**, 2796-2801.

Chang, C., Kwok, S.F., Bleecker, A.B., und Meyerowitz, E.M. (1993). Arabidopsis ethylene-response gene ETR1: similarity of product to two-component regulators. Science **262**, 539-544.

Chen, Y.F., Li, L.Q., Xu, Q., Kong, Y.H., Wang, H., und Wu, W.H. (2009). The WRKY6 transcription factor modulates PHOSPHATE1 expression in response to low Pi stress in Arabidopsis. Plant Cell **21**, 3554-3566.

Chevalier, F., Perazza, D., Laporte, F., Le Henanff, G., Hornitschek, P., Bonneville, J.M., Herzog, M., und Vachon, G. (2008). GeBP and GeBP-like proteins are noncanonical leucine-zipper transcription factors that regulate cytokinin response in Arabidopsis. Plant Physiol **146**, 1142-1154.

Cho, E., und Zambryski, P.C. (2011). Organ boundary1 defines a gene expressed at the junction between the shoot apical meristem and lateral organs. P Natl Acad Sci USA **108**, 2154-2159.

Choi, J., Huh, S.U., Kojima, M., Sakakibara, H., Paek, K.H., und Hwang, I. (2010). The cytokinin-activated transcription factor ARR2 promotes plant immunity via TGA3/NPR1-dependent salicylic acid signaling in Arabidopsis. Dev Cell **19**, 284-295.

Chomczynski, P., und Sacchi, N. (1987). Single-step method of RNA isolation by acid guanidinium thiocyanate-phenol-chloroform extraction. Anal Biochem **162**, 156-159.

Chung, C.T., Niemela, S.L., und Miller, R.H. (1989). One-step preparation of competent Escherichia coli: transformation and storage of bacterial cells in the same solution. Proc Natl Acad Sci U S A **86**, 2172-2175.

Ciolkowski, I., Wanke, D., Birkenbihl, R.P., und Somssich, I.E. (2008). Studies on DNA-binding selectivity of WRKY transcription factors lend structural clues into WRKY-domain function. Plant Mol Biol **68**, 81-92.

Clark, S.E., Jacobsen, S.E., Levin, J.Z., und Meyerowitz, E.M. (1996). The CLAVATA and SHOOT MERISTEMLESS loci competitively regulate meristem activity in Arabidopsis. Development **122**, 1567-1575.

Cline, M., Wessel, T., und Iwamura, H. (1997). Cytokinin/Auxin Control of Apical Dominance in *Ipomoea nil*. Plant Cell Physiol. **38**, 659-667.

Clough, S.J., und Bent, A.F. (1998). Floral dip: a simplified method for *Agrobacterium*-mediated transformation of *Arabidopsis thaliana*. The Plant Journal **16**, 735-743.

Cutcliffe, J.W., Hellmann, E., Heyl, A., und Rashotte, A.M. (2011). CRFs form protein-protein interactions with each other and with members of the cytokinin signalling pathway in Arabidopsis via the CRF domain. Journal of Experimental Botany **62**, 4995-5002.

D'Agostino, I.B., Deruere, J., und Kieber, J.J. (2000). Characterization of the response of the *Arabidopsis* response regulator gene family to cytokinin. Plant Physiology **124**, 1706-1717.

Davuluri, R.V., Sun, H., Palaniswamy, S.K., Matthews, N., Molina, C., Kurtz, M., und Grotewold, E. (2003). AGRIS: Arabidopsis gene regulatory information server, an information resource of Arabidopsis cis-regulatory elements and transcription factors. BMC Bioinformatics **4**, 25.

de Pater, S., Greco, V., Pham, K., Memelink, J., und Kijne, J. (1996). Characterization of a zinc-dependent transcriptional activator from Arabidopsis. Nucleic Acids Res **24**, 4624-4631.

Dello loio, R., Nakamura, K., Moubayidin, L., Perilli, S., Taniguchi, M., Morita, M.T., Aoyama, T., Costantino, P., und Sabatini, S. (2008). A genetic framework for the control of cell division and differentiation in the root meristem. Science **322**, 1380-1384.

Doring, P., Treuter, E., Kistner, C., Lyck, R., Chen, A., und Nover, L. (2000). The role of AHA motifs in the activator function of tomato heat stress transcription factors HsfA1 and HsfA2. Plant Cell **12**, 265-278.

Dortay, H. (2006). Protein-Protein-Interaktionen im Zweikomponenten-Signalsystem von *Arabidopsis thaliana*. In Institut für Biologie - Angewandte Genetik (Berlin: Freie Universität Berlin).

Dortay, H., Mehnert, N., Bürkle, L., Schmülling, T., und Heyl, A. (2006). Analysis of protein interactions within the cytokinin-signaling pathway of *Arabidopsis thaliana*. Febs J **273**, 4631-4644.

Dortay, H., Gruhn, N., Pfeifer, A., Schwerdtner, M., Schmülling, T., und Heyl, A. (2008). Toward an interaction map of the two-component signaling pathway of *Arabidopsis thaliana*. J Proteome Res **7**, 3649-3660.

Duek, P.D., und Fankhauser, C. (2005). bHLH class transcription factors take centre stage in phytochrome signalling. Trends Plant Sci **10**, 51-54.

Ehlert, A., Weltmeier, F., Wang, X., Mayer, C.S., Smeekens, S., Vicente-Carbajosa, J., und Dröge-Laser, W. (2006). Two-hybrid protein-protein interaction analysis in *Arabidopsis* protoplasts: establishment of a heterodimerization map of group C and group S bZIP transcription factors. Plant J **46**, 890-900.

Elble, R. (1992). A simple and efficient procedure for transformation of yeasts. Biotechniques **13**, 18-20.

Esch, J.J., Chen, M.A., Hillestad, M., und Marks, M.D. (2004). Comparison of TRY and the closely related At1g01380 gene in controlling Arabidopsis trichome patterning. Plant J **40**, 860-869.

Eulgem, T., Rushton, P.J., Robatzek, S., und Somssich, I.E. (2000). The WRKY superfamily of plant transcription factors. Trends Plant Sci **5**, 199-206.

Eulgem, T., Rushton, P.J., Schmelzer, E., Hahlbrock, K., und Somssich, I.E. (1999). Early nuclear events in plant defence signalling: rapid gene activation by WRKY transcription factors. Embo J **18**, 4689-4699.

Filardo, F., und Swain, S. (2003). SPYing on GA Signaling and Plant Development. J Plant Growth Regul **22**, 163-175.

Galichet, A., Hoyerova, K., Kaminek, M., und Gruissem, W. (2008). Farnesylation directs AtIPT3 subcellular localization and modulates cytokinin biosynthesis in Arabidopsis. Plant Physiol **146**, 1155-1164.

Galuszka, P., Popelková, H., Werner, T., Frébortová, J., Pospíšilová, H., Mik, V., Köllmer, I., Schmülling, T., und Frébort, I. (2007). Biochemical Characterization of Cytokinin Oxidases/Dehydrogenases from Arabidopsis thaliana Expressed in Nicotiana tabacum L. J Plant Growth Regul **26**, 255-267.

Gan, S., und Amasino, R.M. (1995). Inhibition of leaf senescence by autoregulated production of cytokinin. Science **270**, 1986-1988.

Gan, Y., Liu, C., Yu, H., und Broun, P. (2007). Integration of cytokinin and gibberellin signalling by Arabidopsis transcription factors GIS, ZFP8 and GIS2 in the regulation of epidermal cell fate. Development **134**, 2073-2081.

Goehler, H., Lalowski, M., Stelzl, U., Waelter, S., Stroedicke, M., Worm, U., Droege, A., Lindenberg, K.S., Knoblich, M., Haenig, C., Herbst, M., Suopanki, J., Scherzinger, E., Abraham, C., Bauer, B., Hasenbank, R., Fritzsche, A., Ludewig, A.H., Buessow, K., Coleman, S.H., Gutekunst, C.A., Landwehrmeyer, B.G., Lehrach, H., und Wanker, E.E. (2004). A protein interaction network links *GIT1*, an enhancer of Huntingtin aggregation, to Huntington's disease. Mol Cell **15**, 853-865.

Goh, T., Kasahara, H., Mimura, T., Kamiya, Y., und Fukaki, H. (2012). Multiple AUX/IAA-ARF modules regulate lateral root formation: the role of Arabidopsis SHY2/IAA3-mediated auxin signalling. Philos Trans R Soc Lond B Biol Sci **367**, 1461-1468.

Gonzalez-Rizzo, S., Crespi, M., und Frugier, F. (2006). The Medicago truncatula CRE1 cytokinin receptor regulates lateral root development and early symbiotic interaction with Sinorhizobium meliloti. Plant Cell **18**, 2680-2693.

Greenboim-Wainberg, Y., Maymon, I., Borochov, R., Alvarez, J., Olszewski, N., Ori, N., Eshed, Y., und Weiss, D. (2005). Cross talk between gibberellin and cytokinin: The *Arabidopsis* GA response inhibitor *SPINDLY* plays a positive role in cytokinin signaling. Plant Cell **17**, 92-102.

Greenfield, N.J. (2006). Using circular dichroism spectra to estimate protein secondary structure. Nat Protoc **1**, 2876-2890.

Grunberg-Manago, M. (1999). Messenger RNA stability and its role in control of gene expression in bacteria and phages. Annu Rev Genet **33**, 193-227.

Gultekin, H., und Heermann, K.H. (1988). The use of polyvinylidenedifluoride membranes as a general blotting matrix. Anal Biochem **172**, 320-329.

Guo, A., He, K., Liu, D., Bai, S., Gu, X., Wei, L., und Luo, J. (2005). DATF: a database of Arabidopsis transcription factors. Bioinformatics **21**, 2568-2569.

Gustafson, A.M., Allen, E., Givan, S., Smith, D., Carrington, J.C., und Kasschau, K.D. (2005). ASRP: the Arabidopsis Small RNA Project Database. Nucleic Acids Res **33**, D637-640.

Haberlandt, G. (1913). Zur Physiologie der Zellteilung. Sitzungsberichte der kgl. preuss. Akademie der Wissenschaften, 318-345.

Hanahan, D. (1983). Studies on transformation of Escherichia coli with plasmids. J Mol Biol **166**, 557-580.

Hanano, S., Domagalska, M.A., Nagy, F., und Davis, S.J. (2006). Multiple phytohormones influence distinct parameters of the plant circadian clock. Genes Cells **11**, 1381-1392.

Hass, C., Lohrmann, J., Albrecht, V., Sweere, U., Hummel, F., Yoo, S.D., Hwang, I., Zhu, T., Schäfer, E., Kudla, J., und Harter, K. (2004). The response regulator 2 mediates ethylene signalling and hormone signal integration in *Arabidopsis*. EMBO Journal **23**, 3290-3302.

Hellens, R., Mullineaux, P., und Klee, H. (2000). Technical Focus:a guide to Agrobacterium binary Ti vectors. Trends Plant Sci **5**, 446-451.

Heyl, A., und Schmülling, T. (2003). Cytokinin signal perception and transduction. Current Opinion in Plant Biology **6**, 480-488.

Heyl, A., Wulfetange, K., Pils, B., Nielsen, N., Romanov, G.A., und Schmülling, T. (2007). Evolutionary proteomics identifies amino acids essential for ligand-binding of the cytokinin receptor CHASE domain. BMC Evol Biol **7**, 62.

Heyl, A., Ramireddy, E., Brenner, W.G., Riefler, M., Allemeersch, J., und Schmülling, T. (2008). The transcriptional repressor ARR1-SRDX suppresses pleiotropic cytokinin activities in *Arabidopsis*. Plant Physiol **147**, 1380-1395.

Higuchi, M., Pischke, M.S., Mähönen, A.P., Miyawaki, K., Hashimoto, Y., Seki, M., Kobayashi, M., Shinozaki, K., Kato, T., Tabata, S., Helariutta, Y., Sussman, M.R., und Kakimoto, T. (2004). *In planta* functions of the *Arabidopsis* cytokinin receptor family. P Natl Acad Sci USA **101**, 8821-8826.

Hiratsu, K., Matsui, K., Koyama, T., und Ohme-Takagi, M. (2003). Dominant repression of target genes by chimeric repressors that include the EAR motif, a repression domain, in *Arabidopsis*. Plant J **34**, 733-739.

Horgan, R. (1975). A new cytokinin metabolite. Biochem Biophys Res Commun **65**, 358-363.

Hosoda, K., Imamura, A., Katoh, E., Hatta, T., Tachiki, M., Yamada, H., Mizuno, T., und Yamazaki, T. (2002). Molecular structure of the GARP family of plant Myb-related DNA binding motifs of the *Arabidopsis* response regulators. Plant Cell **14**, 2015-2029.

Hothorn, M., Dabi, T., und Chory, J. (2011). Structural basis for cytokinin recognition by Arabidopsis thaliana histidine kinase 4. Nature chemical biology **7**, 766-768.

Hruz, T., Laule, O., Szabo, G., Wessendorp, F., Bleuler, S., Oertle, L., Widmayer, P., Gruissem, W., und Zimmermann, P. (2008). Genevestigator v3: a reference expression database for the meta-analysis of transcriptomes. Adv Bioinformatics **2008**, 420747.

Hu, C.D., Chinenov, Y., und Kerppola, T.K. (2002). Visualization of interactions among bZIP and Rel family proteins in living cells using bimolecular fluorescence complementation. Mol Cell **9**, 789-798.

Hutchison, C.E., Li, J., Argueso, C., Gonzalez, M., Lee, E., Lewis, M.W., Maxwell, B.B., Perdue, T.D., Schaller, G.E., Alonso, J.M., Ecker, J.R., und Kieber, J.J. (2006). The *Arabidopsis* histidine phosphotransfer proteins are redundant positive regulators of cytokinin signaling. Plant Cell **18**, 3073-3087.

Hwang, I., und Sheen, J. (2001). Two-component circuitry in *Arabidopsis* cytokinin signal transduction. Nature **413**, 383-389.

Hwang, I., Chen, H.C., und Sheen, J. (2002). Two-component signal transduction pathways in *Arabidopsis*. Plant Physiology **129**, 500-515.

Ikeda, M., und Ohme-Takagi, M. (2009). A novel group of transcriptional repressors in Arabidopsis. Plant Cell Physiol **50**, 970-975.

Imamura, A., Kiba, T., Tajima, Y., Yamashino, T., und Mizuno, T. (2003). *In vivo* and *in vitro* characterization of the *ARR11* response regulator implicated in the His-to-Asp phosphorelay signal transduction in *Arabidopsis thaliana*. Plant and Cell Physiology **44**, 122-131.

Imamura, A., Hanaki, N., Nakamura, A., Suzuki, T., Taniguchi, M., Kiba, T., Ueguchi, C., Sugiyama, T., und Mizuno, T. (1999). Compilation and characterization of *Arabiopsis thaliana* response regulators implicated in His-Asp phosphorelay signal transduction. Plant and Cell Physiology **40**, 733-742.

Inoue, T., Higuchi, M., Hashimoto, Y., Seki, M., Kobayashi, M., Kato, T., Tabata, S., Shinozaki, K., und Kakimoto, T. (2001). Identification of *CRE1* as a cytokinin receptor from *Arabidopsis*. Nature **409**, 1060-1063.

Ishida, K., Yamashino, T., Yokoyama, A., und Mizuno, T. (2008). Three type-B response regulators, ARR1, ARR10 and ARR12, play essential but redundant roles in cytokinin signal transduction throughout the life cycle of *Arabidopsis thaliana*. Plant Cell Physiol **49**, 47-57.

Ishiguro, S., und Nakamura, K. (1994). Characterization of a cDNA encoding a novel DNA-binding protein, SPF1, that recognizes SP8 sequences in the 5' upstream regions of genes coding for sporamin and beta-amylase from sweet potato. Mol Gen Genet **244**, 563-571.

Jasinski, S., Piazza, P., Craft, J., Hay, A., Woolley, L., Rieu, I., Phillips, A., Hedden, P., und Tsiantis, M. (2005). *KNOX* Action in *Arabidopsis* Is Mediated by Coordinate Regulation of Cytokinin and Gibberellin Activities. Current Biology **15**, 1560-1565.

Kakimoto, T. (1996). *CKI1*, a histidine kinase homolog implicated in cytokinin signal transduction. Science **274**, 982-985.

Kakimoto, T. (2001). Identification of plant cytokinin biosynthetic enzymes as dimethylallyl diphosphate: ATP/ADP isopentenyltransferases. Plant and Cell Physiology **42**, 677-685.

Kakimoto, T. (2003). Perception and signal transduction of cytokinins. Annu Rev Plant Biol **54**, 605-627.

Karimi, M., Inze, D., und Depicker, A. (2002). GATEWAY vectors for *Agrobacterium*-mediated plant transformation. Trends in Plant Science **7**, 193-195.

Kiba, T., und Mizuno, T. (2003). [Hormonal regulation of plant metabolism: cytokinin action and signal transduction]. Tanpakushitsu Kakusan Koso **48**, 2029-2036.

Kiba, T., Yamada, H., und Mizuno, T. (2002). Characterization of the *ARR15* and *ARR16* response regulators with special reference to the cytokinin signaling pathway mediated by the *AHK4* histidine kinase in roots of *Arabidopsis thaliana*. Plant and Cell Physiology **43**, 1059-1066.

Kiba, T., Aoki, K., Sakakibara, H., und Mizuno, T. (2004). *Arabidopsis* response regulator, *ARR22*, ectopic expression of which results in phenotypes similar to the *wol* cytokinin-receptor mutant. Plant and Cell Physiology **45**, 1063-1077.

Kiba, T., Naitou, T., Koizumi, N., Yamashino, T., Sakakibara, H., und Mizuno, T. (2005). Combinatorial microarray analysis revealing *Arabidopsis* genes implicated in cytokinin responses through the His->Asp Phosphorelay circuitry. Plant and Cell Physiology **46**, 339-355.

Kim, J., Yi, H., Choi, G., Shin, B., und Song, P.S. (2003). Functional characterization of phytochrome interacting factor 3 in phytochrome-mediated light signal transduction. Plant Cell **15**, 2399-2407.

Kim, K., Ryu, H., Cho, Y.H., Scacchi, E., Sabatini, S., und Hwang, I. (2012). Cytokinin-facilitated proteolysis of ARABIDOPSIS RESPONSE REGULATOR 2 attenuates signaling output in two-component circuitry. Plant J **69**, 934-945.

Kirby, J., und Kavanagh, T.A. (2002). NAN fusions: a synthetic sialidase reporter gene as a sensitive and versatile partner for GUS. Plant J **32**, 391-400.

Köllmer, I. (2009). Funktionelle Charakterisierung von CKX7 und cytokininregulierten Transkriptionsfaktorgenen in *Arabidopsis thaliana*. In Insitute of biology (Berlin: Freie Universität), pp. 214.

Köllmer, I., Werner, T., und Schmulling, T. (2011). Ectopic expression of different cytokinin-regulated transcription factor genes of Arabidopsis thaliana alters plant growth and development. Journal of plant physiology.

Koncz, C., Olsson, O., Langridge, W.H., Schell, J., und Szalay, A.A. (1987). Expression and assembly of functional bacterial luciferase in plants. Proc Natl Acad Sci U S A **84**, 131-135.

Koorneef, M., Elgersma, A., Hanhart, C.J., van Loenen-Martinet, E.P., van Rijn, L., und Zeevaart, J.A.D. (1985). A gibberellin insensitive mutant of Arabidopsis thaliana. Physiol Plantarum **65**, 33-39.

Koornneef, M., und Veen, J.H. (1980). Induction and analysis of gibberellin sensitive mutants in Arabidopsis thaliana (L.) heynh. TAG Theoretical and Applied Genetics **58**, 257-263.

Laemmli, U.K. (1970). Cleavage of structural proteins during the assembly of the head of bacteriophage T4. Nature **227**, 680-685.

Landy, A. (1989). Dynamic, structural, and regulatory aspects of lambda site-specific recombination. Annu Rev Biochem **58**, 913-949.

Laufs, P., Peaucelle, A., Morin, H., und Traas, J. (2004). MicroRNA regulation of the CUC genes is required for boundary size control in Arabidopsis meristems. Development **131**, 4311-4322.

Lee, D.H., und Goldberg, A.L. (1996). Selective Inhibitors of the Proteasome-dependent and Vacuolar Pathways of Protein Degradation in Saccharomyces cerevisiae. Journal of Biological Chemistry **271**, 27280-27284.

Lee, D.J., Kim, S., Ha, Y.M., und Kim, J. (2008). Phosphorylation of Arabidopsis response regulator 7 (ARR7) at the putative phospho-accepting site is required for ARR7 to act as a negative regulator of cytokinin signaling. Planta **227**, 577-587.

Leibfried, A., To, J.P., Busch, W., Stehling, S., Kehle, A., Demar, M., Kieber, J.J., und Lohmann, J.U. (2005). WUSCHEL controls meristem function by direct regulation of cytokinin-inducible response regulators. Nature **438**, 1172-1175.

Leivar, P., und Quail, P.H. (2011). PIFs: pivotal components in a cellular signaling hub. Trends Plant Sci **16**, 19-28.

Letham, D.S. (1963). ZEATIN, A FACTOR INDUCING CELL DIVISION ISOLATED FROM ZEA MAYS. Life Sci **8**, 569-573.

Letham, D.S., und Zhang, R. (1989). Cytokinin translocation and metabolism in lupin species. II. New nucleotide metabolites of cytokinins. Plant Sci **64**, 161-165.

Li, X., Sun, L., Tan, L., Liu, F., Zhu, Z., Fu, Y., Sun, X., Xie, D., und Sun, C. (2012). TH1, a DUF640 domain-like gene controls lemma and palea development in rice. Plant Mol Biol **78**, 351-359.

Lohar, D.P., Schaff, J.E., Laskey, J.G., Kieber, J.J., Bilyeu, K.D., und Bird, D.M. (2004). Cytokinins play opposite roles in lateral root formation, and nematode and Rhizobial symbioses. Plant J **38**, 203-214.

Lohrmann, J., Buchholz, G., Keitel, C., Sweere, U., Kircher, S., Bäurle, I., Kudla, J., Schäfer, E., und Harter, K. (1999). Differential Expression and Nuclear Localization of Response Regulator-Like Proteins from Arabidopsis thaliana1. Plant Biol (Stuttg) **1**, 495-505.

Lohrmann, J., Sweere, U., Zabaleta, E., Bäurle, I., Keitel, C., Kozma, B.L., Brennicke, A., Schäfer, E., Kudla, J., und Harter, K. (2001). The response regulator *ARR2*: A pollen-specific transcription factor involved in the expression of nuclear genes for components of mitochondrial complex I in *Arabidopsis*. Molecular Genetics & Genomics **265**, 2-13.

Lopez, P.J., Marchand, I., Joyce, S.A., und Dreyfus, M. (1999). The C-terminal half of RNase E, which organizes the Escherichia coli degradosome, participates in mRNA degradation but not rRNA processing in vivo. Mol Microbiol **33**, 188-199.

Macek, B., Gnad, F., Soufi, B., Kumar, C., Olsen, J.V., Mijakovic, I., und Mann, M. (2008). Phosphoproteome Analysis of E. coli Reveals Evolutionary Conservation of Bacterial Ser/Thr/Tyr Phosphorylation. Mol Cell Proteomics **7**, 299-307.

Mähönen, A.P., Bonke, M., Kauppinen, L., Riikonen, M., Benfey, P.N., und Helariutta, Y. (2000). A novel two-component hybrid molecule regulates vascular morphogenesis of the *Arabidopsis* root. Genes and Development **14**, 2938-2943.

Mähönen, A.P., Higuchi, M., Tormakangas, K., Miyawaki, K., Pischke, M.S., Sussman, M.R., Helariutta, Y., und Kakimoto, T. (2006a). Cytokinins regulate a bidirectional phosphorelay network in *Arabidopsis*. Curr Biol **16**, 1116-1122.

Mähönen, A.P., Bishopp, A., Higuchi, M., Nieminen, K.M., Kinoshita, K., Tormakangas, K., Ikeda, Y., Oka, A., Kakimoto, T., und Helariutta, Y. (2006b). Cytokinin signaling and its inhibitor AHP6 regulate cell fate during vascular development. Science **311**, 94-98.

Mallory, A.C., Dugas, D.V., Bartel, D.P., und Bartel, B. (2004). MicroRNA regulation of NAC-domain targets is required for proper formation and separation of adjacent embryonic, vegetative, and floral organs. Curr Biol **14**, 1035-1046.

Marina, A., Waldburger, C.D., und Hendrickson, W.A. (2005). Structure of the entire cytoplasmic portion of a sensor histidine-kinase protein. Embo J **24**, 4247-4259.

Mason, M.G., Li, J., Mathews, D.E., Kieber, J.J., und Schaller, G.E. (2004). Type-B response regulators display overlapping expression patterns in *Arabidopsis*. Plant Physiology **135**, 927-937.

Mason, M.G., Mathews, D.E., Argyros, D.A., Maxwell, B.B., Kieber, J.J., Alonso, J.M., Ecker, J.R., und Schaller, G.E. (2005). Multiple type-B response regulators mediate cytokinin signal transduction in *Arabidopsis*. Plant Cell **17**, 3007-3018.

Matsui, K., Umemura, Y., und Ohme-Takagi, M. (2008). AtMYBL2, a protein with a single MYB domain, acts as a negative regulator of anthocyanin biosynthesis in Arabidopsis. Plant J **55**, 954-967.

Miao, Y., Smykowski, A., und Zentgraf, U. (2008). A novel upstream regulator of WRKY53 transcription during leaf senescence in Arabidopsis thaliana. Plant Biol (Stuttg) **10 Suppl 1**, 110-120.

Miao, Y., Laun, T.M., Smykowski, A., und Zentgraf, U. (2007). Arabidopsis MEKK1 can take a short cut: it can directly interact with senescence-related WRKY53 transcription factor on the protein level and can bind to its promoter. Plant Mol Biol **65**, 63-76.

Miller, C.O. (1958). The Relationship of the Kinetin and Red-Light Promotions of Lettuce Seed Germination. Plant Physiol **33**, 115-117.

Miller, C.O., Skoog, F., Vonsaltza, M.H., und Strong, F.M. (1955a). Kinetin, a Cell Division Factor from Deoxyribonucleic Acid. J Am Chem Soc **77**, 1392-1392.

Miller, C.O., Skoog, F., Okumura, F.S., von Saltza, M.H., und Strong, F.M. (1955b). Structure and synthesis of kinetin. J Am Chem Soc **77**, 2662-2663.

Mira-Rodado, V., Sweere, U., Grefen, C., Kunkel, T., Fejes, E., Nagy, F., Schafer, E., und Harter, K. (2007). Functional cross-talk between two-component and phytochrome B signal transduction in *Arabidopsis*. J Exp Bot **58**, 2595-2607.

Miyawaki, K., Tarkowski, P., Matsumoto-Kitano, M., Kato, T., Sato, S., Tarkowska, D., Tabata, S., Sandberg, G., und Kakimoto, T. (2006). Roles of Arabidopsis ATP/ADP isopentenyltransferases and tRNA isopentenyltransferases in cytokinin biosynthesis. P Natl Acad Sci USA **103**, 16598-16603.

Mizuno, T. (2004). Plant response regulators implicated in signal transduction and circadian rhythm. Current Opinion in Plant Biology **7**, 499-505.

Mizuno, T., und Nakamichi, N. (2005). Pseudo-Response Regulators (PRRs) or True Oscillator Components (TOCs). Plant Cell Physiol **46**, 677-685.

Mok, D.W., und Mok, M.C. (2001). Cytokinin metabolism and action. Annual Review of Plant Physiology and Plant Molecular Biology **52**, 89-118.

Mok, M.C. (1994). Cytokinins and plant development: an overview. In Cytokinins: Chemistry, activity, and function, D.W. Mok und M.C. Mok, eds (Boca Raton: CRC), pp. 155-166.

Moubayidin, L., Perilli, S., Dello Ioio, R., Di Mambro, R., Costantino, P., und Sabatini, S. (2010). The rate of cell differentiation controls the Arabidopsis root meristem growth phase. Curr Biol **20**, 1138-1143.

Müller, B. (2011). Generic signal-specific responses: cytokinin and context-dependent cellular responses. J Exp Bot.

Müller, B., und Sheen, J. (2008). Cytokinin and auxin interaction in root stem-cell specification during early embryogenesis. Nature **453**, 1094-1097.

Mullis, K.B., und Faloona, F.A. (1987). Specific synthesis of DNA in vitro via a polymerase-catalyzed chain reaction. Methods Enzymol **155**, 335-350.

Murashige, T., und Skoog, F. (1962). A revised medium for rapid growth and bio-assays with tobacco tissue cultures. Physiol Plantarum **15**, 473-497.

Murray, J.D., Karas, B.J., Sato, S., Tabata, S., Amyot, L., und Szczyglowski, K. (2007). A cytokinin perception mutant colonized by Rhizobium in the absence of nodule organogenesis. Science **315**, 101-104.

Naito, T., Yamashino, T., Kiba, T., Koizumi, N., Kojima, M., Sakakibara, H., und Mizuno, T. (2007). A link between cytokinin and ASL9 (ASYMMETRIC LEAVES 2 LIKE 9) that belongs to the AS2/LOB (LATERAL ORGAN BOUNDARIES) family genes in Arabidopsis thaliana. Biosci Biotechnol Biochem **71**, 1269-1278.

Nishimura, C., Ohashi, Y., Sato, S., Kato, T., Tabata, S., und Ueguchi, C. (2004). Histidine kinase homologs that act as cytokinin receptors possess overlapping functions in the regulation of shoot and root growth in *Arabidopsis*. Plant Cell **16**, 1365-1377.

Ohta, M., Matsui, K., Hiratsu, K., Shinshi, H., und Ohme-Takagi, M. (2001). Repression domains of class II ERF transcriptional repressors share an essential motif for active repression. Plant Cell **13**, 1959-1968.

Ota, I.M., und Varshavsky, A. (1993). A yeast protein similar to bacterial two-component regulators. Science **262**, 566-569.

Pace, C.N., Grimsley, G.R., und Scholtz, J.M. (2009). Protein ionizable groups: pK values and their contribution to protein stability and solubility. J Biol Chem **284**, 13285-13289.

Perazza, D., Laporte, F., Balague, C., Chevalier, F., Remo, S., Bourge, M., Larkin, J., Herzog, M., und Vachon, G. (2011). GeBP/GPL transcription factors regulate a subset of CPR5-dependent processes. Plant Physiol **157**, 1232-1242.

Perraud, A.L., Weiss, V., und Gross, R. (1999). Signalling pathways in two-component phosphorelay systems. Trends Microbiol **7**, 115-120.

Pils, B., und Heyl, A. (2009). Unraveling the evolution of cytokinin signaling. Plant Physiol **151**, 782-791.

Posas, F., Wurgler-Murphy, S.M., Maeda, T., Witten, E.A., Thai, T.C., und Saito, H. (1996). Yeast HOG1 MAP kinase cascade is regulated by a multistep phosphorelay mechanism in the SLN1-YPD1-SSK1 "two-component" osmosensor. Cell **86**, 865-875.

Pruitt, R.E., und Meyerowitz, E.M. (1986). Characterization of the genome of Arabidopsis thaliana. J Mol Biol **187**, 169-183.

Punta, M., Coggill, P.C., Eberhardt, R.Y., Mistry, J., Tate, J., Boursnell, C., Pang, N., Forslund, K., Ceric, G., Clements, J., Heger, A., Holm, L., Sonnhammer, E.L., Eddy, S.R., Bateman, A., und Finn, R.D. (2012). The Pfam protein families database. Nucleic acids research **40**, D290-D301.

Punwani, J.A., Hutchison, C.E., Schaller, G.E., und Kieber, J.J. (2010). The subcellular distribution of the Arabidopsis histidine phosphotransfer proteins is independent of cytokinin signaling. Plant J **62**, 473-482.

Raleigh, E.A., Murray, N.E., Revel, H., Blumenthal, R.M., Westaway, D., Reith, A.D., Rigby, P.W., Elhai, J., und Hanahan, D. (1988). McrA and McrB restriction phenotypes of some E. coli strains and implications for gene cloning. Nucleic Acids Res **16**, 1563-1575.

Ramireddy, E. (2009). Functional characterization of B-type response regulator of *Arabidopsis thaliana*. In Department for Biology, Chemistry and Pharmacy (Berlin: Free University), pp. 163.

Rasband, W.S. (1997-2011). ImageJ. U. S. National Institutes of Health, Bethesda, Maryland, USA, http://imagej.nih.gov/ij/.

Rashotte, A.M., und Goertzen, L.R. (2010). The CRF domain defines cytokinin response factor proteins in plants. BMC Plant Biol **10**, 74.

Rashotte, A.M., Carson, S.D., To, J.P., und Kieber, J.J. (2003). Expression profiling of cytokinin action in *Arabidopsis*. Plant Physiology **132**, 1998-2011.

Rashotte, A.M., Mason, M.G., Hutchison, C.E., Ferreira, F.J., Schaller, G.E., und Kieber, J.J. (2006). A subset of *Arabidopsis* AP2 transcription factors mediates cytokinin responses in concert with a two-component pathway. Proc Natl Acad Sci USA **103**, 11081-11085.

Reiser, V., Raitt, D.C., und Saito, H. (2003). Yeast osmosensor Sln1 and plant cytokinin receptor Cre1 respond to changes in turgor pressure. Journal of Cell Biology **161**, 1035-1040.

Ren, B., Liang, Y., Deng, Y., Chen, Q., Zhang, J., Yang, X., und Zuo, J. (2009). Genome-wide comparative analysis of type-A Arabidopsis response regulator genes by overexpression studies reveals their diverse roles and regulatory mechanisms in cytokinin signaling. Cell Res **19**, 1178-1190.

Riano-Pachon, D.M., Ruzicic, S., Dreyer, I., und Mueller-Roeber, B. (2007). PlnTFDB: an integrative plant transcription factor database. BMC Bioinformatics **8**, 42.

Richmond, A.E., und Lang, A. (1957). Effect of kinetin on protein content and survival of detached *Xanthium* leaves. Science **125**, 650-651.

Richter, R., Behringer, C., Muller, I.K., und Schwechheimer, C. (2010). The GATA-type transcription factors GNC and GNL/CGA1 repress gibberellin signaling downstream from DELLA proteins and PHYTOCHROME-INTERACTING FACTORS. Genes Dev **24**, 2093-2104.

Riechmann, J.L., Heard, J., Martin, G., Reuber, L., Jiang, C.Z., Keddie, J., Adam, L., Pineda, O., Ratcliffe, O.J., Samaha, R.R., Creelman, R., Pilgrim, M., Broun, P., Zhang, J.Z., Ghandehari, D., Sherman, B.K., und Yu, G.L. (2000). *Arabidopsis* transcription factors: Genome-wide comparative analysis among eukaryotes. Science **290**, 2105-2110.

Riefler, M., Novak, O., Strnad, M., und Schmülling, T. (2006). *Arabidopsis* cytokinin receptor mutants reveal functions in shoot growth, leaf senescence, seed size, germination, root development, and cytokinin metabolism. Plant Cell **18**, 40-54.

Robatzek, S., und Somssich, I.E. (2001). A new member of the Arabidopsis WRKY transcription factor family, AtWRKY6, is associated with both senescence- and defence-related processes. Plant J **28**, 123-133.

Robatzek, S., und Somssich, I.E. (2002). Targets of AtWRKY6 regulation during plant senescence and pathogen defense. Genes Dev **16**, 1139-1149.

Romanov, G.A., Lomin, S.N., und Schmülling, T. (2006). Biochemical characteristics and ligand-binding properties of *Arabidopsis* cytokinin receptor AHK3 compared to CRE1/AHK4 as revealed by a direct binding assay. J Exp Bot **57**, 4051-4058.

Rushton, P.J., Somssich, I.E., Ringler, P., und Shen, Q.J. (2010). WRKY transcription factors. Trends Plant Sci **15**, 247-258.

Rushton, P.J., Macdonald, H., Huttly, A.K., Lazarus, C.M., und Hooley, R. (1995). Members of a new family of DNA-binding proteins bind to a conserved cis-element in the promoters of alpha-Amy2 genes. Plant Mol Biol **29**, 691-702.

Saitou, N., und Nei, M. (1987). The neighbor-joining method: a new method for reconstructing phylogenetic trees. Mol Biol Evol **4**, 406-425.

Sakai, H., Aoyama, T., und Oka, A. (2000). *Arabidopsis* ARR1 and ARR2 response regulators operate as transcriptional activators. Plant Journal **24**, 703-711.

Sakai, H., Honma, T., Aoyama, T., Sato, S., Kato, T., Tabata, S., und Oka, A. (2001). ARR1, a transcription factor for genes immediately responsive to cytokinins. Science **294**, 1519-1521.

Sakakibara, H. (2006). Cytokinins: activity, biosynthesis, and translocation. Annu Rev Plant Biol **57**, 431-449.

Sakuma, Y., Liu, Q., Dubouzet, J.G., Abe, H., Shinozaki, K., und Yamaguchi, S.K. (2002). DNA-binding specificity of the ERF/AP2 domain of *Arabidopsis* DREBs, transcription factors involved in dehydration- and cold-inducible gene expression. Biochem Biophys Res Commun **290**, 998-1009.

Salome, P.A., To, J.P., Kieber, J.J., und McClung, C.R. (2006). *Arabidopsis* response regulators ARR3 and ARR4 play cytokinin-independent roles in the control of circadian period. Plant Cell **18**, 55-69.

Sambrook, J. (2001). Molecular cloning a laboratory manual. (Cold Spring Harbor, NY: Cold Spring Harbor Laboratory Press).

Santner, A., Calderon-Villalobos, L.I., und Estelle, M. (2009). Plant hormones are versatile chemical regulators of plant growth. Nat Chem Biol **5**, 301-307.

Sato, N., Kawahara, H., Toh-e, A., und Maeda, T. (2003). Phosphorelay-regulated degradation of the yeast Ssk1p response regulator by the ubiquitin-proteasome system. Mol Cell Biol **23**, 6662-6671.

Schaller, G.E., Kieber, J.J., und Shiu, S.H. (2008). Two-component signaling elements and histidyl-aspartyl phosphorelays. Arabidopsis Book **6**, e0112.

Schell, J. (1978). On the transfer and expression of bacterial plasmid DNA in higher plants [proceedings]. Arch Int Physiol Biochim **86**, 901-902.

Schindler, U., Terzaghi, W., Beckmann, H., Kadesch, T., und Cashmore, A.R. (1992). DNA binding site preferences and transcriptional activation properties of the Arabidopsis transcription factor GBF1. Embo J **11**, 1275-1289.

Schmitz, R.Y., und Skoog, F. (1972). Cytokinins: synthesis and biological activity of geometric and position isomers of zeatin. Plant Physiol **50**, 702-705.

Schrimpf, G. (2002). Gentechnische Methoden: Eine Sammlung von Arbeitsanleitungen für das molekularbiologische Labor. Spektrum Akademischer Verlag Heidelberg. **3. Aufl.**

Schwab, R., Ossowski, S., Riester, M., Warthmann, N., und Weigel, D. (2006). Highly specific gene silencing by artificial microRNAs in Arabidopsis. Plant Cell **18**, 1121-1133.

Schwarz, D., Junge, F., Durst, F., Frolich, N., Schneider, B., Reckel, S., Sobhanifar, S., Dotsch, V., und Bernhard, F. (2007). Preparative scale expression of membrane proteins in Escherichia coli-based continuous exchange cell-free systems. Nat Protoc **2**, 2945-2957.

Simon, M., Lee, M.M., Lin, Y., Gish, L., und Schiefelbein, J. (2007). Distinct and overlapping roles of single-repeat MYB genes in root epidermal patterning. Dev Biol **311**, 566-578.

Skibbe, M., Qu, N., Galis, I., und Baldwin, I.T. (2008). Induced plant defenses in the natural environment: Nicotiana attenuata WRKY3 and WRKY6 coordinate responses to herbivory. Plant Cell **20**, 1984-2000.

Skoog, F., Strong, F.M., und Miller, C.O. (1965). Cytokinins. Science **148**, 532-533.

Smalle, J., Kurepa, J., Yang, P., Babiychuk, E., Kushnir, S., Durski, A., und Vierstra, R.D. (2002). Cytokinin growth responses in Arabidopsis involve the 26S proteasome subunit RPN12. Plant Cell **14**, 17-32.

Spiess, L.D. (1975). Comparative Activity of Isomers of Zeatin and Ribosyl-Zeatin on Funaria hygrometrica. Plant Physiol **55**, 583-585.

Spinelli, S.V., Martin, A.P., Viola, I.L., Gonzalez, D.H., und Palatnik, J.F. (2011). A mechanistic link between STM and CUC1 during Arabidopsis development. Plant Physiol **156**, 1894-1904.

Sprenger-Haussels, M., und Weisshaar, B. (2000). Transactivation properties of parsley proline-rich bZIP transcription factors. Plant J **22**, 1-8.

Stephens, D.J., und Banting, G. (2000). The use of yeast two-hybrid screens in studies of protein:protein interactions involved in trafficking. Traffic **1**, 763-768.

Stock, A.M., Robinson, V.L., und Goudreau, P.N. (2000). Two-component signal transduction. Annu Rev Biochem **69**, 183-215.

Strayer, C., Oyama, T., Schultz, T.F., Raman, R., Somers, D.E., Mas, P., Panda, S., Kreps, J.A., und Kay, S.A. (2000). Cloning of the

Arabidopsis clock gene TOC1, an autoregulatory response regulator homolog. Science **289**, 768-771.

Strnad, M., Peters, W., Beck, E., und Kaminek, M. (1992). Immunodetection and Identification of N-(o-Hydroxybenzylamino)Purine as a Naturally Occurring Cytokinin in Populus x canadensis Moench cv Robusta Leaves. Plant Physiol **99**, 74-80.

Struhl, K., und Davis, R.W. (1977). Production of a functional eukaryotic enzyme in Escherichia coli: cloning and expression of the yeast structural gene for imidazole-glycerolphosphate dehydratase (his3). Proc Natl Acad Sci U S A **74**, 5255-5259.

Suzuki, T., Imamura, A., Ueguchi, C., und Mizuno, T. (1998). Histidine-containing phosphotransfer (HPt) signal transducers implicated in His-to-Asp phosphorelay in Arabidopsis. Plant Cell Physiol **39**, 1258-1268.

Suzuki, T., Sakurai, K., Ueguchi, C., und Mizuno, T. (2001a). Two types of putative nuclear factors that physically interact with histidine-containing phosphotransfer (HPt) domains, signaling mediators in His-to-Asp phosphorelay, in *Arabidopsis thaliana*. Plant and Cell Physiology **42**, 37-45.

Suzuki, T., Miwa, K., Ishikawa, K., Yamada, H., Aiba, H., und Mizuno, T. (2001b). The Arabidopsis sensor His-kinase, AHk4, can respond to cytokinins. Plant Cell Physiol **42**, 107-113.

Sweere, U., Eichenberg, K., Lohrmann, J., Mira-Rodado, V., Baurle, I., Kudla, J., Nagy, F., Schafer, E., und Harter, K. (2001). Interaction of the response regulator ARR4 with phytochrome B in modulating red light signaling. Science **294**, 1108-1111.

Tajima, Y., Imamura, A., Kiba, T., Amano, Y., Yamashino, T., und Mizuno, T. (2004). Comparative studies on the type-B response regulators revealing their distinctive properties in the His-to-Asp phosphorelay signal transduction of *Arabidopsis thaliana*. Plant and Cell Physiology **45**, 28-39.

Takada, S., Hibara, K., Ishida, T., und Tasaka, M. (2001). The CUP-SHAPED COTYLEDON1 gene of *Arabidopsis* regulates shoot apical meristem formation. Development **128**, 1127-1135.

Takeda, S., und Aida, M. (2011). Establishment of the embryonic shoot apical meristem in Arabidopsis thaliana. J Plant Res **124**, 211-219.

Takeda, S., Hanano, K., Kariya, A., Shimizu, S., Zhao, L., Matsui, M., Tasaka, M., und Aida, M. (2011). CUP-SHAPED COTYLEDON1 transcription factor activates the expression of LSH4 and LSH3, two members of the ALOG gene family, in shoot organ boundary cells. Plant J **66**, 1066-1077.

Takei, K., Sakakibara, H., und Sugiyama, T. (2001). Identification of genes encoding adenylate isopentenyltransferase, a cytokinin biosynthesis enzyme, in *Arabidopsis thaliana*. Journal of Biological Chemistry **276**, 26405-26410.

Tanaka, Y., Suzuki, T., Yamashino, T., und Mizuno, T. (2004). Comparative studies of the AHP histidine-containing phosphotransmitters implicated in His-to-Asp phosphorelay in *Arabidopsis thaliana*. Biosci Biotechnol Biochem **68**, 462-465.

Taniguchi, M., Sasaki, N., Tsuge, T., Aoyama, T., und Oka, A. (2007). ARR1 directly activates cytokinin response genes that encode proteins with diverse regulatory functions. Plant and Cell Physiology **48**, 263-277.

Taya, Y., Tanaka, Y., und Nishimura, S. (1978). 5'-AMP is a direct precursor of cytokinin in Dictyostelium discoideum. Nature **271**, 545-547.

Tian, Q., Uhlir, N.J., und Reed, J.W. (2002). Arabidopsis SHY2/IAA3 inhibits auxin-regulated gene expression. Plant Cell **14**, 301-319.

Tirichine, L., Sandal, N., Madsen, L.H., Radutoiu, S., Albrektsen, A.S., Sato, S., Asamizu, E., Tabata, S., und Stougaard, J. (2007). A gain-of-function mutation in a cytokinin receptor triggers spontaneous root nodule organogenesis. Science **315**, 104-107.

To, J.P., Deruere, J., Maxwell, B.B., Morris, V.F., Hutchison, C.E., Ferreira, F.J., Schaller, G.E., und Kieber, J.J. (2007). Cytokinin regulates type-A Arabidopsis Response Regulator activity and protein stability via two-component phosphorelay. Plant Cell **19**, 3901-3914.

To, J.P., Haberer, G., Ferreira, F.J., Deruere, J., Mason, M.G., Schaller, G.E., Alonso, J.M., Ecker, J.R., und Kieber, J.J. (2004). Type-A *Arabidopsis* response regulators are partially redundant negative regulators of cytokinin signaling. Plant Cell **16**, 658-671.

Tominaga, R., Iwata, M., Okada, K., und Wada, T. (2007). Functional analysis of the epidermal-specific MYB genes CAPRICE and WEREWOLF in Arabidopsis. Plant Cell **19**, 2264-2277.

Towbin, H., Staehelin, T., und Gordon, J. (1979). Electrophoretic transfer of proteins from polyacrylamide gels to nitrocellulose sheets: procedure and some applications. Proc Natl Acad Sci U S A **76**, 4350-4354.

Ueguchi, C., Koizumi, H., Suzuki, T., und Mituno, T. (2001). Novel family of sensor histidine kinase genes in *Arabidopsis thaliana*. Plant & Cell Physiology **42**, 231-235.

Ulmasov, T., Hagen, G., und Guilfoyle, T.J. (1999). Activation and repression of transcription by auxin-response factors. Proc Natl Acad Sci U S A **96**, 5844-5849.

Vervliet, G., Holsters, M., Teuchy, H., Van Montagu, M., und Schell, J. (1975). Characterization of different plaque-forming and defective temperate phages in Agrobacterium. J Gen Virol **26**, 33-48.

Voinnet, O., Rivas, S., Mestre, P., und Baulcombe, D. (2003). An enhanced transient expression system in plants based on suppression of gene silencing by the p19 protein of tomato bushy stunt virus. Plant J **33**, 949-956.

Vroemen, C.W., Mordhorst, A.P., Albrecht, C., Kwaaitaal, M.A., und de Vries, S.C. (2003). The CUP-SHAPED COTYLEDON3 gene is required for boundary and shoot meristem formation in Arabidopsis. Plant Cell **15**, 1563-1577.

Wei, C., und Price, C.M. (2004). Cell cycle localization, dimerization, and binding domain architecture of the telomere protein cPot1. Mol Cell Biol **24**, 2091-2102.

Werner, T., und Schmülling, T. (2009). Cytokinin action in plant development. Curr Opin Plant Biol **12**, 527-538.

Werner, T., Motyka, V., Strnad, M., und Schmülling, T. (2001). Regulation of plant growth by cytokinin. P Natl Acad Sci USA **98**, 10487-10492.

Werner, T., Kollmer, I., Bartrina, I., Holst, K., und Schmulling, T. (2006). New insights into the biology of cytokinin degradation. Plant Biol (Stuttg) **8**, 371-381.

Werner, T., Motyka, V., Laucou, V., Smets, R., van Onckelen, H., und Schmülling, T. (2003). Cytokinin-deficient transgenic *Arabidopsis* plants show multiple developmental alterations indicating opposite functions of cytokinins in the regulation of shoot and root meristem activity. Plant Cell **15**, 2532-2550.

West, A.H., und Stock, A.M. (2001). Histidine kinases and response regulator proteins in two-component signaling systems. Trends Biochem Sci **26**, 369-376.

Wickson, M., und Thimann, K.V. (1958). The Antagonism of Auxin and Kinetin in Apical Dominance. Physiol Plantarum **11**.

Wilson, R.N., und Somerville, C.R. (1995). Phenotypic Suppression of the Gibberellin-Insensitive Mutant (gai) of Arabidopsis. Plant Physiol **108**, 495-502.

Witte, C.P., Noel, L.D., Gielbert, J., Parker, J.E., und Romeis, T. (2004). Rapid one-step protein purification from plant material using the eight-amino acid StrepII epitope. Plant Mol Biol **55**, 135-147.

Wolanin, P.M., Thomason, P.A., und Stock, J.B. (2002). Histidine protein kinases: key signal transducers outside the animal kingdom. Genome Biol **3**, REVIEWS3013.

Wulfetange, K., Lomin, S.N., Romanov, G.A., Stolz, A., Heyl, A., und Schmulling, T. (2011). The cytokinin receptors of Arabidopsis are located mainly to the endoplasmic reticulum. Plant physiology **156**, 1808-1818.

Yamada, H., Suzuki, T., Terada, K., Takei, K., Ishikawa, K., Miwa, K., Yamashino, T., und Mizuno, T. (2001). The *Arabidopsis* AHK4 histidine kinase is a cytokinin-binding receptor that transduces cytokinin signals across the membrane. Plant & Cell Physiology **42**, 1017-1023.

Yanagisawa, S., und Sheen, J. (1998). Involvement of maize Dof zinc finger proteins in tissue-specific and light-regulated gene expression. Plant Cell **10**, 75-89.

Yanagisawa, S., Yoo, S.D., und Sheen, J. (2003). Differential regulation of EIN3 stability by glucose and ethylene signalling in plants. Nature **425**, 521-525.

Yanai, O., Shani, E., Dolezal, K., Tarkowski, P., Sablowski, R., Sandberg, G., Samach, A., und Ori, N. (2005). *Arabidopsis* KNOXI Proteins Activate Cytokinin Biosynthesis. Current Biology **15**, 1566-1571.

Yang, P., Chen, C., Wang, Z., Fan, B., und Chen, Z. (1999). A pathogen- and salicylic acid-induced WRKY DNA-binding activity recognizes the elicitor response element of the tobacco class I chitinase gene promoter. The Plant Journal **18**, 141-149.

Yokoyama, A., Yamashino, T., Amano, Y., Tajima, Y., Imamura, A., Sakakibara, H., und Mizuno, T. (2007). Type-B ARR transcription factors, ARR10 and ARR12, are implicated in cytokinin-mediated regulation of protoxylem differentiation in roots of *Arabidopsis thaliana*. Plant Cell Physiol **48**, 84-96.

Yoshida, A., Suzaki, T., Tanaka, W., und Hirano, H.Y. (2009). The homeotic gene long sterile lemma (G1) specifies sterile lemma identity in the rice spikelet. Proc Natl Acad Sci U S A **106**, 20103-20108.

Zhao, L., Nakazawa, M., Takase, T., Manabe, K., Kobayashi, M., Seki, M., Shinozaki, K., und Matsui, M. (2004). Overexpression of LSH1, a member of an uncharacterised gene family, causes enhanced light regulation of seedling development. Plant J **37**, 694-706.

Zheng, X., Miller, N.D., Lewis, D.R., Christians, M.J., Lee, K.H., Muday, G.K., Spalding, E.P., und Vierstra, R.D. (2011). AUXIN UP-REGULATED F-BOX PROTEIN1 regulates the cross talk between auxin transport and cytokinin signaling during plant root growth. Plant Physiol **156**, 1878-1893.

8 Publikationen

Dortay, H., Gruhn, N., **Pfeifer, A.**, Schwerdtner, M., Schmülling, T. and Heyl, A. (2008) Toward an interaction map of the two-component signaling pathway of *Arabidopsis thaliana*. *J Proteome Res.* 7, 3649-3660.

9 Anhang

9.1 Abkürzungsverzeichnis

CCRE	cytokininantwortvermittelndes *cis*-regulatorisches Element	Ko-IP	Ko-Immunopräzipitation
CHASE	Cyclase/Histidine-kinase-Associated Sensory Extracellular	kV	Kilovolt
		Hz	Hertz (Schwingungen pro Sekunde)
		IP	Isopentenyladenin
ddH$_2$O	doppelt destilliertes Wasser	IPTG	Isopropyl-β-D-Thiogalactopyranosid
DAPI	4′,6-Diamidin-2-phenylindol	L	Liter
		LB	Luria-Bertani
DMSO	Dimethylsulfoxid	LiAc	Lithiumacetat
DTT	Dithiothreitol	ml	Milliliter
EDTA	Ethylendiamintetraacetat-Dinatriumsalz	mm	Millimeter
		mOs	Milliosmol
g	Erdbeschleunigung 9,81 m/s^2	µl	Mikroliter
		mA	Milliampere
Gm^R	Gentamycin-Resistenzgen	min	Minute
		mM	Millimolar
GRA	Gelretardationsassay	NaCl	Natriumchlorid
GUS	β-Glukuronidase	NAN	Neuraminidase
h	Stunde	NaOH	Natronlauge
kb	kilobase	nm	Nanometer
KCl	Kaliumchlorid	PAC	Paclubotrazol
Km^R	Kanamycin-Resistenzgen	PBS	phosphate buffered saline

PCR	Polymerase Kettenreaktion	RT	Raumtemperatur
PEG	Polyethylenglycol	U/min	Umdrehungen pro Minute
Pfu	DNA-Polymerase aus *Pyrococcus furiosus*	SD	Hefemangelmedium
		Sek	Sekunde
PMSF	Phenylmethylsulfonylfluorid	TE	Tris-EDTA
		T_m	Schmelztemperatur
PTA	Protoplasten *trans*-Aktivierungssystem	*tZ*	*trans*-Zeatin
		YPD	Hefevollmedium
qRT	quantitative *real-time*		
Rif^R	Rifampicin-Resistenzgen		

9.2 Vektorkarten

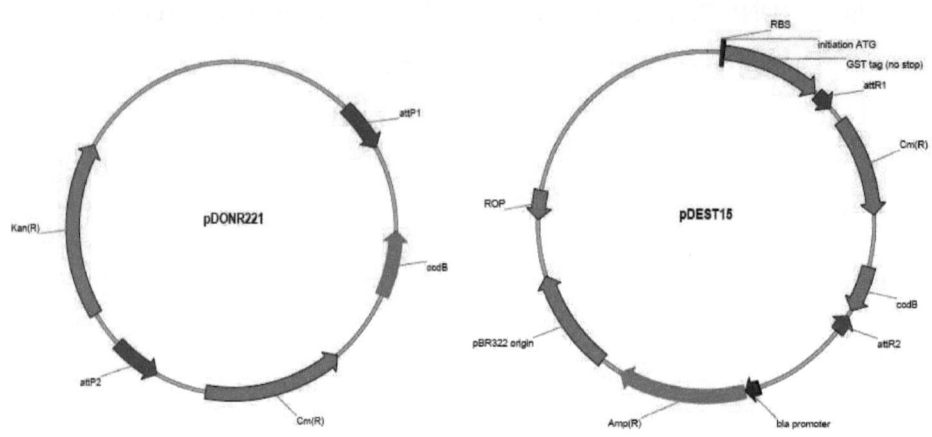

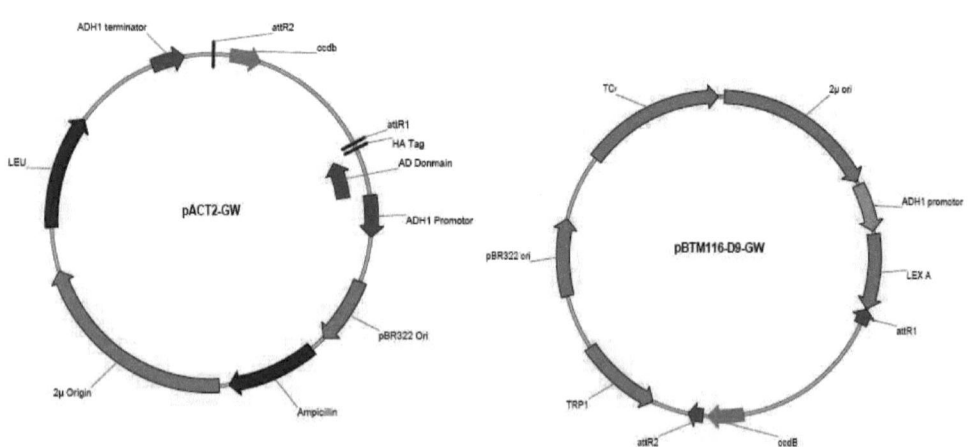

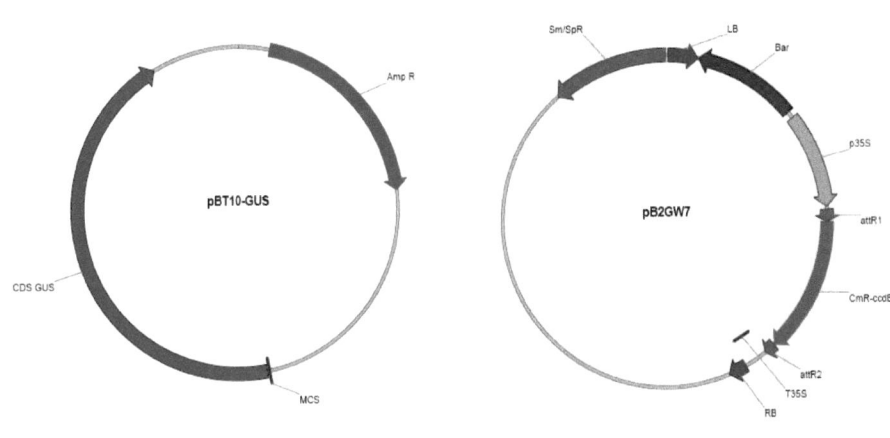
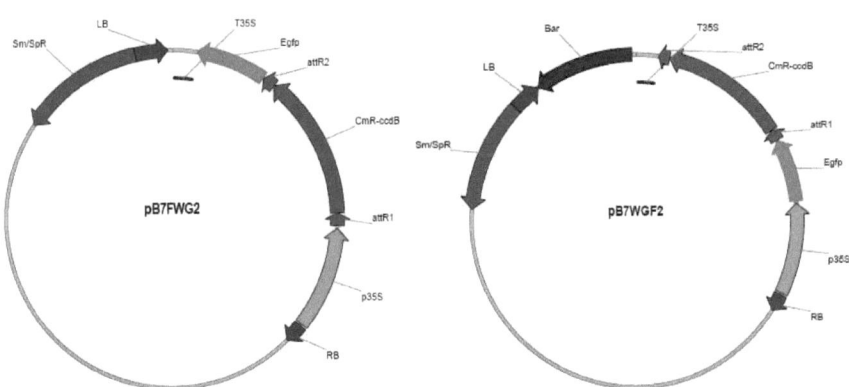

i want morebooks!

Buy your books fast and straightforward online - at one of world's fastest growing online book stores! Environmentally sound due to Print-on-Demand technologies.

Buy your books online at
www.get-morebooks.com

Kaufen Sie Ihre Bücher schnell und unkompliziert online – auf einer der am schnellsten wachsenden Buchhandelsplattformen weltweit! Dank Print-On-Demand umwelt- und ressourcenschonend produziert.

Bücher schneller online kaufen
www.morebooks.de

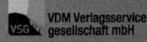 VDM Verlagsservicegesellschaft mbH
Heinrich-Böcking-Str. 6-8   Telefon: +49 681 3720 174   info@vdm-vsg.de
D - 66121 Saarbrücken   Telefax: +49 681 3720 1749   www.vdm-vsg.de

Printed by Books on Demand GmbH, Norderstedt / Germany